Franco-Crosti

Technik und Geschichte der Baureihen 42.90 und 50.40 der DB

Franco - Crosti

Die letzte Chance der Dampflok

Technik und Geschichte der Baureihen 42.90 und 50.40 der DB

von

Jürgen Ebel

und

Rüdiger Gänsfuß

Mit 120 teils ganzseitigen Fotos, 16 Faksimile-Nachdrucken und 52 Zeichnungen und Tabellen

Titelbild:
50 4005 nach ihrer letzten L 0-Untersuchung, aufgenommen vor dem Anheizschuppen des AW Schwerte. Anschließend kam die Lok leihweise von Kirchweyhe zum Bw Rahden. Bei der Untersuchung erhielt sie die Druckluftglocke auf dem Umlaufblech. Ansonsten zeigt die Lok den Endzustand der meisten 50.40: Mit großem Vorwärmerkasten, Gußschornstein und Vollguß-Vorlaufrädern. Bemerkenswert ist, daß noch 1966 die Kohleabdeckklappen gangbar gemacht worden sind und geschlossen sind. Foto: Klaus-D. Holzborn.

Einband gestaltet von Jürgen Ebel

CIP-Kurztitelaufnahme der Deutschen Bibliothek

Ebel, Jürgen

Franco-Crosti — Die letzte Chance der Dampflok —
Technik und Geschichte der Baureihen 42.90 und 50.40 der DB,
von Jürgen Ebel u. Rüdiger Gänsfuß. —
1. Auflage — Erlangen: LOK Report, 1980.
 ISBN 3-921980-03-8

LOK Report e.V., Postfach 2580, 8520 Erlangen, 1980. Alle Rechte, das Recht auf Vervielfältigung durch Mikrofilm oder Fotokopie vorbehalten. Kein Teil des Buches darf ohne schriftliche Genehmigung des Verlages nachgedruckt oder anderweitig vervielfältigt werden.(c)1980 LOK Report e.V. Erlangen. Printed in Germany, ISBN 3-921980-03-8. Satz: Kornelia Hanrath, Münster. Gesamtgestaltung und Layout: Jürgen Ebel. Druck: F.C. Mayer Verlag, München.

Inhalt

Seite

Die Entwicklung des Franco-Crosti-Vorwärmers 7
    Einleitung 7
    Die geschichtliche Entwicklung der Speisewasservorwärmung 7
    Sinn und Nutzen der Speisewasservorwärmung 7
    Oberflächenvorwärmer 7
    Der Mischvorwärmer 8
    Der Henschel-Mischvorwärmer 8
    Der Heinl-Mischvorwärmer 8
    Wärmegewinn durch Rauchgase 10
    Die Entwicklung der Rauchgasvorwärmer 10
    Die ersten beiden Franco-Loks 10
    Die Franco-Crosti-Lokomotiven 11

Der Weg zur Baureihe 42.90 14
    Die Vorwärmerversuchsloks 14
    Der Bau der Br. 42.90 16
    Beschreibung der Br. 42.90 22
    Die Erprobung und Betriebsbewährung 23

50 1412 33
    Warum ein Umbau der Br. 50? 33
    Beschreibung der 50 1412 34
    Erprobung in Minden 41
    Betriebseinsatz in Bingerbrück 44
    50 1412 und die Korrosion 47

Die Serienbauart der 50.40 55
    Vorgeschichte und Entwurfsänderungen 55
    Der Bau 56
    Bewährung 60
    Die 50.40-Krise 70
    Zusammenfassung 74

Die Superdampflok 50 4011 82

Beheimatungsgeschichte 89
    Bw Minden/Versuchsanstalt Minden 89
    Bw Bingerbrück 91
    Bw Oberlahnstein 96
    Bw Kirchweyhe 100
    Bw Osnabrück Hbf 112
    Bw Osnabrück Vbf 112
    Bw Hamm Gbf 116
    Die z-Stellungen der Br. 50.40 121

Resumee und Ausblick 124

Anhang 126
    Betriebsbuchauszüge 126
    Untersuchungen (BD Münster) 129
    Angaben zu 50 4019, 4020, 4021 130
    Monatliche Laufleistungen (BD Münster) 133
    Literatur 138
    Danksagungen 139
    Beilage: 50 4021
    Beilage: Seitenaufriß Br. 50.40
    Beilage: Kesselzeichnung der Br. 50.40
    Beilage: Aufriß des Triebwerkes Br. 50.40

Abgebildete Triebfahrzeuge

	Lok		Seite
DB	42	9000	19,21,24,29,30,31,89,90,98
		9001	20,23,27,29,32,90,98
	50	1412	35,43,47
	50	4001	37,45,49,50,51,91,118,119
		4002	56,57,61,104,105
		4003	61,68,115
		4004	114,115
		4005	Titel, 107,113
		4006	68,108
		4007	114
		4008	64
		4009	70
		4010	121
		4011	82,83,84,85,87
		4012	103,107
		4013	56,76,122
		4014	54
		4015	104,107,108,112
		4016	79,99,120
		4017	59,120
		4018	69,93,94,116
		4019	59,69,95,99
		4020	79
		4021	60,93, Poster (Beilage)
		4022	30,93
		4023	67,70,96,97,125
		4024	100
		4025	81,110
		4026	61,80
		4027	109
		4028	102
		4029	81,101,105
		4030	60,73,117
		4031	73,94
	38	2572	114
	41	059	108
		308	118
		347	81
	50	191	108
		502	114
		1086	58
		1740	114
		1751	57
		1763	114
		1857	31
		1866	73
		2690	114
		2751	114
	52	885	15
	94	600	108
FS	623...		13
	672.001		11
	683.972		12
	740.405		12
	741.107		9
	741.273		9
	741.320		9
	743.283		9

Die Entwicklung des Franco - Crosti - Vorwärmers

Einleitung

Der Erfolg jeder Lokomotive im Betrieb ist wesentlich abhängig von folgenden drei Faktoren:
1. Leistungsfähigkeit
2. Wirtschaftlichkeit
3. Störungsfreiheit und Zuverlässigkeit im Betrieb

Gerade im Bereich der Wirtschaftlichkeit ist die konventionelle Dampflokomotive recht ungünstig — Ihr Gesamtwirkungsgrad, d.h. die Umsetzung der im Brennstoff enthaltenen Energie in Leistung am Zughaken, liegt nur bei etwa 7-9%, bei besonders ausgereiften Konstruktionen im Dauerbetrieb im Bestpunkt bei höchstens 12%. (Zum Vergleich: E-Lok bis zu 20%, Diesellok bis über 20%). Von diesem sehr großen Verlust an Energie des Brennstoffes entfallen etwa 5% auf den Eigenbedarf (Speisepumpe, Lichtmaschine usw.), 28% auf Verluste im Kessel und 67% auf Verluste in der Dampfmaschine (unvollständige Dampfdehnung, mechanischer Verlust usw.). Seit es die Dampflokomotive gibt, sind daher stets Versuche unternommen worden, diese Verschwendung an Energie einzudämmen. Besonders wichtig ist dies in Ländern, die nicht über eigene große Vorkommen an geeignetem Brennstoff (Öl, Steinkohle oder sehr hochwertige Braunkohle) verfügen, z.B. die Schweiz oder Italien.

Eine grundlegende Möglichkeit der wirtschaftlichen Ausnutzung der Dampflok ist die Vorwärmung des Speisewassers. Wird dem Kessel das Wasser nicht mehr mit Außentemperatur (also ca. 10 bis 20°C) zugeführt, sondern mit annähernder Siedetemperatur (ca. 100°C), so verdampft es dort schneller. Man kann also mit vorgewärmten Wasser durch schnelleres Verdampfen eine höhere Kesselleistung erzielen und gleichzeitig Brennstoff einsparen.

Brennstoffeinsparung ist aber nur möglich, wenn das Wasser dadurch vorgewärmt wird, daß "Energieabfall" ausgenutzt wird, der sonst ungenutzt bliebe. Hierbei gibt es zwei verschiedene Möglichkeiten:
1. Ausnutzung des Abdampfes von den Zylindern und Hilfseinrichtungen (z.B. Speisepumpe, Lichtmaschine)
2. Ausnutzung der aus dem Kessel kommenden Abgase (Rauchgase).

Die geschichtliche Entwicklung der Speisewasser-Vorwärmung

Erste Versuche mit der Vorwärmung gab es bereits Mitte des 19. Jahrhunderts. Bei der Kirchweger-Abdampfkondensation wird Zylinderabdampf in den Tender geleitet. Dort erwärmt er das Tenderwasser und kondensiert dadurch. Sie war gewissermaßen eine primitive Vorform der späteren Mischvorwärmer, bewährte sich aber nicht.

Zu Anfang dieses Jahrhunderts gab es dann von der Firma Pielock in Berlin einen "Patent-Speisewasservorwärmer und Reiniger für Lokomotiven". Dieser Vorwärmer besteht aus zwei miteinander verbundenen Kammern, die innen an der Außenwand des Kessels liegen. Hier wird das unter Kesseldruck stehende Speisewasser bis auf 150°C vorgewärmt. Weil dieser Vorwärmer im Kessel liegt und weder Abdampf noch Abgase verwendet, bringt er auch keine Brennstoffeinsparung. Der Sinn dieses Vorwärmers liegt vielmehr darin, daß die meisten Kesselstein bildenden Salze (sogenannte Kesselsteinbildner) bereits im Vorwärmer, der leicht zu reinigen ist, ausfallen und dadurch die Kesselsteinbildung im Lokomotivkessel sehr stark abnimmt.

Ab 1910 waren dann die ersten brauchbaren Abdampf-Vorwärmer bekannt. Sehr große Verbreitung fanden diese Vorwärmertypen (die Oberflächen-Vorwärmer in der Reichsbahnzeit). Auch viele Länderbahnloks wurden noch nachträglich damit ausgerüstet. 1914 wurden erstmals Pläne für einen Abgas-Vorwärmer gezeichnet, 1926 ließ sich der Italiener Attilio Franco seinen Abgas-Vorwärmer patentieren und 1932 wurde die erste Dampflok mit Abgas-Vorwärmer für Belgien gebaut. In den Zwanziger Jahren wurde auch der Mischvorwärmer (ein Abdampf-Vorwärmer) konstruiert, der dann in Deutschland serienreif entwickelt wurde.

Sinn und Nutzen der Speisewasser-Vorwärmung

Bei der Vorwärmung des Speisewassers durch Abdampf oder Rauchgase ergeben sich hauptsächlich folgende Vorteile:
1. Größere Wirtschaftlichkeit durch Verwendung sonst ungenutzter Wärme (im Abdampf bzw. in den Rauchgasen).
2. Starke Abnahme der Kesselsteinbildung im Lokomotivkessel, da die meisten Kesselsteinbildner bereits im Vorwärmer ausfallen.
3. Weniger starke Materialbeanspruchung des Kessels, weil durch das vorgewärmte Speisewasser die Temperaturunterschiede (und damit verbunden die Wärmespannung des Metalls durch unterschiedliche Temperaturen) im Kessel abnehmen.

Bei der Abdampf-Vorwärmung im Mischvorwärmer kommt außerdem noch eine Wasserersparnis von ca. 15% durch Kondensation des Abdampfes hinzu. Man unterscheidet bei der Speisewasser-Vorwärmung wie schon erwähnt grundsätzlich Abdampf-Vorwärmer und Abgasvorwärmer. Die Abdampf-Vorwärmer kann man wiederum in Oberflächen-Vorwärmer und die Mischvorwärmer unterteilen, die knapp erläutert werden sollen.

Oberflächen-Vorwärmer

Ein sehr großer Teil der bei der Reichsbahn eingesetzten Dampfloks (fast alle Schlepptenderloks) hatte Oberflächen-

Vorwärmer. Bis auf die "Bullis" (Baureihen 80, 81, 87 und 89.0) und Kriegsloks (42, 50 ÜK, 52) hatten alle "Einheitsloks 1925" einen Oberflächen-Vorwärmer, außerdem noch sehr viele Länderbahnloks, z.B. die preußischen P8, P10, G8.1, G10, G12, T12, T14, T16.1, T18, T20 u.v.a.. Während des Krieges wurden bei vielen Loks die Vorwärmer jedoch ausgebaut, etwa bei Loks, die für den Einsatz in den Ostgebieten bestimmt wurden und bei denen wegen großer Kälte Schwierigkeiten an den Vorwärmern zu erwarten waren.

Der Oberflächenvorwärmer der Bauart Knorr ist in seiner Konstruktion sehr einfach. Von der Speisepumpe wird das Wasser aus dem Tender angesaugt und in den Vorwärmer gepumpt. Der Vorwärmer wird mit Abdampf aus den Zylindern, der Lichtmaschine und der Speisepumpe gespeist. Er ist von Rohren durchzogen, durch die das Speisewasser fließt und so aufgewärmt wird. Durch mehrfaches Umlenken läuft das Wasser insgesamt 8 mal mit hoher Geschwindigkeit durch den Vorwärmer und wird so auf 95°C bis 100°C vorgewärmt, um anschließend in den Kessel eingespeist zu werden.

Vorteile gegenüber dem Mischvorwärmer sind, daß der Oberflächen-Vorwärmer sehr einfach gebaut ist, also preiswert und wartungsarm ist, und daß das vorgewärmte Speisewasser kein Öl enthält, weil es nicht direkt mit dem Abdampf in Berührung kommt.

Es überwiegen jedoch zwei große Nachteile. Einerseits verliert der Oberflächen-Vorwärmer schon nach kurzer Einsatzzeit stark an Wirkung, weil sich in den Rohren des Vorwärmers der dort anfallende Kesselstein festsetzt. Der Wirkungsgrad des Oberflächen-Vorwärmers beträgt daher im Betriebsmittelwert nur etwa 60% der Leistung, die er ohne Kesselsteinablagerungen bringen würde. Andererseits kann das Kesselspeisewasser nur vorgewärmt werden, wenn der Regler der Lok geöffnet ist, der Vorwärmer also mit Zylinderdampf versorgt wird. Da kein Speicher für das vorgewärmte Wasser vorhanden ist, wird die Lok bei geschlossenem Regler häufig mit nicht oder kaum vorgewärmten Wasser gespeist.

Der Mischvorwärmer

Bei Mischvorwärmern gibt es viele verschiedene Bauarten, u.a. Heinl, Worthington, ACFJ, Dabeg, Knorr und Henschel. In Deutschland wurden in größerem Maße seit dem zweiten Weltkrieg verwendet:
— Henschel-Mischvorwärmer der Bauarten MVC, MVR und MVT,
— Heinl-Mischvorwärmer und die vereinfachte Ausführung MV 57.

Mit Mischvorwärmern waren bei der DB Lokomotiven der Baureihen 01, 01.10, 03.10, 10, 23, 41, 44, 50, 50.40, 52, 65, 66 und 82 ausgestattet.

Der Hauptunterschied zwischen Henschel-Mischvorwärmer und MV 57 besteht darin, daß beim Henschel-Vorwärmer der Abdampf durch das Wasser im Mischbehälter geleitet wird und keine weiteren Speicher vorhanden sind, während beim MV 57 das Wasser durch Düsen verstäubt in eine mit Abdampf gefüllte Mischkammer gespritzt wird und mehrere Speicher vorhanden sind. Bei der alten Ausführung des Heinl-Mischvorwärmers kam als weiterer Unterschied hinzu, daß dieser Vorwärmer noch in einen Niederdruck- und einen Hochdruckvorwärmer unterteilt war.

Der Henschel-Mischvorwärmer

Vom Henschel Mischvorwärmer gibt es drei Bauarten:
1. der MVR, der oben in der Rauchkammer liegt,
2. der MVT für Tenderloks, dessen Mischkasten im linken seitlichen Wasserkasten untergebracht ist,
3. der seltenere MVC (u.a. bei 23 024 und 23 025), der in eine Kaltwasser- und eine Heißwasserkammer unterteilt ist, die seitlich unter der Rauchkammer liegen.

Das Wirkungsprinzip des Henschel-Mischvorwärmers ist etwa folgendes: Vom Tender wird das Wasser entweder von einem Wasserheber oder, bei einer zweistufigen Speisepumpe, von Stufe 1 der Pumpe in den großen Mischbehälter, der etwa 1 m^3 Wasser faßt, gepumpt. In den mit Wasser gefüllten Mischbehälter wird durch eine Mischdüse, die für gute Umwälzung des Wassers sorgt, ein Teil des Maschinenabdampfes geleitet. Der Mischbehälter ist allerdings nicht völlig gefüllt, denn es muß ein Freiraum für Dampf, Luft und Gase bleiben. Das vorgewärmte Wasser wird von der Speisepumpe bzw. von Stufe 2 bei einer zweistufigen Speisepumpe in den Kessel gespeist. Da stets mehr Kaltwasser in den Mischbehälter gepumpt, als Heißwasser für die Kesselspeisung benötigt wird (damit der Mischbehälter nie leergesaugt werden kann), führt eine Überlaufleitung von der oberen Hälfte des Mischbehälters bis vor den Wasserheber (bzw. die zweistufige Speisepumpe) zurück.

Der Heinl-Mischvorwärmer

Der komplizierteste Mischvorwärmer bei der DB war der Heinl-Mischvorwärmer, der später umgebaut, vereinfacht und als MV 57 (Mischvorwärmeranlage Bauart 1957) bezeichnet wurde. Die Heinl-Anlage funktioniert vereinfacht so: Vom Wasserheber wird das Wasser vom Tender in den Niederdruckvorwärmer gepumpt und in den dort eingeleiteten Abdampf gesprüht. Vom Niederdruckvorwärmer wird das Heißwasser durch die Stufe 1 der zweistufigen Speisepumpe in den Hochdruckvorwärmer gepumpt, während das überschüssige Heißwasser zu einem Mischgefäß vor dem Wasserheber fließt. Im Hochdruckvorwärmer wird das Wasser unter Druck in den Abdampf der Speisepumpe eingespritzt. Durch den Überdruck im Hochdruckvorwärmer wird die Wassertemperatur auf etwa 110-120°C gesteigert. Die Stufe 2 der Speisepumpe befördert dieses Heißwasser in den Kessel.

Außer dem Niederdruck- und dem Hochdruckvorwärmer verfügt der Heinl-Mischvorwärmer noch über das Mischgefäß, einen Vorwasserspeicher und Druckwindkessel und hat daher eine ähnlich große Speicherkapazität für vorgewärmtes Speisewasser wie der Henschel-Mischvorwärmer. Weil der Heinl-Mischvorwärmer zu kompliziert gebaut und störungsanfällig war, entwickelte die DB aus ihm den vereinfachten MV 57. Der Hauptunterschied ist, daß der Hochdruckvorwärmer wegfällt und nur als zweiter Druckwindkessel genutzt wird. Deshalb hat das Wasser beim Einspeisen in den Kessel auch nicht mehr 110-120°C wie beim Heinl-Mischvorwärmer, sondern nur ca. 100°C wie beim Henschel-Mischvorwärmer.

Der Vorteil der Mischvorwärmerbauarten gegenüber dem Oberflächenvorwärmer ist einerseits der Wegfall der Wirkungsverluste durch Kesselsteinablagerungen und andererseits die Möglichkeit, durch die Speicherkapazität auch dann vorge-

Die Baureihe 743 der FS besaß zwei neben dem Kessel liegende Vorwärmer. Die Aufnahme der 743 283 entstand am 23.4.77 in Nus (Strecke Chivasso – Aosta). Foto: Karl-Heinz Sprich.

Bei der Br. 741 wurde der Hauptkessel höher gelegt und die Vorwärmerheizfläche in einem Vorwärmkessel untergebracht. Vom Triebwerk entsprachen die Baureihen 741 und 743 der Ursprungstype 740. Das Foto der 741 320, 107 und 273 (von links) entstand in Fortezza (Franzensfeste) im Februar 1975. Foto: Andreas Knipping.

wärmtes Wasser in den Kessel zu speisen, wenn der Regler geschlossen ist, also kein Zylinderabdampf zur Verfügung steht.

Wärmegewinn durch Rauchgase

Außer der Vorwärmung des Speisewassers durch Abdampf ist auch noch die Vorwärmung durch Abgase möglich. Bei der herkömmlichen Dampflok verlassen die Rauchgase den Schornstein mit einer Temperatur von 300°-400°C. Natürlich ist es naheliegend, diese unausgenutzte Wärmeenergie noch weiterzuverwenden. Man baute daher in Deutschland vor dem Zweiten Weltkrieg besonders lange Kessel, um die Rauchgase weit abzukühlen (Wagner-Langkessel-Prinzip). Außerdem wählte man die Strahlungsheizfläche, d.h. die Fläche im Hinterkessel, die direkt vom Feuer berührt wird, klein, die Rohrheizfläche im Langkessel dagegen sehr groß. Bei der DB kam man von diesem Prinzip aber wieder ab, u.a. weil

1. die Materialbelastungen bei sehr langen Kesseln beim Anfahren und Abbremsen der Lok wegen der Verformungen (leichtes Durchbiegen) recht groß werden,
2. zusätzliche Materialbelastungen des Kessels eintreten durch Wärmespannungen, wenn die Rauchgase weit abgekühlt werden (kann beim Aufheizen und Abkühlen des Kessels sogar zu Stehbolzenbrüchen führen),
3. die erzeugte Dampfmenge bei den Neubaukesseln besser regulierbar wird, da bei großer Feuerbüchsheizfläche die Dampfbildung schneller erfolgt als bei übergroßer Rohrheizfläche, sich eine intensive Feuerung also unmittelbarer auf die Dampfbildung auswirkt, und
4. bei großer Rohrheizfläche die Bildung von Kesselstein in den Rohren schneller vor sich geht, was mit erheblichen Leistungseinbußen verbunden ist.

Die Entwicklung der Rauchgasvorwärmer

Bei der Ausnutzung der Abgase zur Speisewasservorwärmung ergibt sich die grundsätzliche Schwierigkeit der Unterbringung des Vorwärmers. Ein Abgasvorwärmer ist wesentlich größer als ein Abdampfvorwärmer. Man sah daher zunächst keine Möglichkeit, einen Abgasvorwärmer mit Röhrenkessel auf der Lok selbst unterzubringen.

Es gab allerdings auch Versuche mit Abgasvorwärmern, die nicht aus einem eigenen Röhrenkessel bestehen. So entwickelte das Reichsbahn-Zentralamt Berlin in den 20er Jahren für die preußische P10 (39) einen Rauchgasvorwärmer, der wie folgt funktioniert:

Wie bei jeder Dampflok wird der Langkessel, in dem das Wasser verdampft wird, von Rauchrohren durchzogen, durch die die Rauchgase von der Feuerbüchse zur Rauchkammer und zum Schornstein gezogen werden. Der Rauchgasvorwärmer des RZA Berlin besteht nun darin, daß in den Rauchrohren, die mit etwas größerem Durchmesser ausgeführt sind als gewöhnlich, nochmals Rohre verlegt sind (ähnlich wie Überhitzerelemente), durch die das vorzuwärmende Speisewasser läuft. Da die meiste Wärme zur Vorwärmung des Speisewassers jedoch bei diesem Prinzip dem Kessel und nicht den Abgasen entzogen wird, bringt der Vorwärmer kaum eine größere Wirtschaftlichkeit. Dieses System bewährte sich, wie auch verschiedene andere Rauchgasvorwärmersysteme, nicht und wurde daher bald wieder ausgebaut.

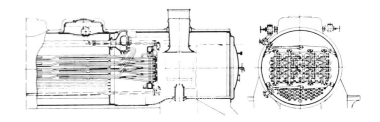

Rauchgasvorwärmer des Reichsbahnzentralamtes Berlin, eingebaut in eine Lok der Br. 39.0 (pr.P 10). Die Vorwärmerheizschlangen tauchen zusammen mit den Überhitzerelementen in die Rauchrohre ein.

1935 wurde die C2'n4v-Lok 670.030 der Italienischen Staatsbahn (FS) mit einem Franco-Vorwärmer versehen und auf Heißdampf umgebaut. Der Vorwärmer wurde im Tender untergebracht. Die Lok wurde umgedreht an den Tender gekuppelt, so daß die Rauchgase mittels eines beweglichen Anschlusses von der Rauchkammer der Lok in den Vorwärmer im Tender geführt wurden. Die Lok erhielt eine Vollverkleidung. Bei Vorwärtsfahrt lief die Lok eigentlich rückwärts, da sie ja gedreht an den Tender gekuppelt war, und der Schornstein war ganz hinten am Tender. Die Lok wurde eingehend erprobt, und Vergleichsfahrten mit Schwesterloks brachten eine Kohleersparnis durch den Franco-Vorwärmer von 14,5-17,8%.

Die ersten beiden Franco-Loks

Bei den ersten beiden Lokomotiven mit Franco-Abgasvorwärmer, die im folgenden Text kurz vorgestellt werden sollen, befanden sich wegen Platzmangel die Vorwärmer nicht auf dem Lokomotivrahmen, sondern dem Tender.

Bereits 1914 hatte es Entwürfe für eine Doppelkessellok der Fairlie-Bauart auf einem (1C1)(1C1)-Fahrwerk gegeben. Die Lok sollte zwei Röhrenkessel-Vorwärmer erhalten. Wegen des ersten Weltkrieges kam es nicht zum Bau der Lok.

Ab 1928 wurde dann eine Franco-Lokomotive von der neu gegründeten "Societa Anonima Locomotive a Vapore Franco" in Mailand für die Belgische Staatsbahn (SNCB) zusammen mit dem belgischen Ingenieur George de Wulf konstruiert. Das Ergebnis war ein Lokomotivriese, der nach einer urzeitlichen Elefantenart benannt wurde: "Mastodont". Die Maschine wurde in den belgischen "Ateliers Metallurgiques" in Tubize gebaut und 1932 in Dienst gestellt. Die Lok besteht aus einem Hauptrahmen mit 2 etwas schräg versetzt nebeneinander liegenden Kesseln. An beiden Enden der Lok ist, jeweils auf einem C-Triebgestell gelagert, je ein Abgasvorwärmer. Es handelt sich also um eine dreiteilige Lok mit 2 Kesseln, 2 Abgasvorwärmern (mit je einem Schornstein) und der Achsfolge (C1')1'B1'B1'(1'C). Das 250 Tonnen schwere "Mastodont" war sehr leistungsfähig und beförderte einen 1200-Tonnen-Zug mit 28 km/h eine 17-Promille-Steigung hinauf. Für solch eine Superlok bestand aber überhaupt kein Bedarf, und die Unterhaltungskosten waren enorm hoch. Die Lok wurde auf der Brüsseler Weltausstellung im Jahre 1935 gezeigt, aber noch im selben Jahr ausgemustert. Nachdem mit dem "Mastodont" die grundsätzliche Eignung und Bewährung des Franco-Vorwärmers bewiesen worden war, konzentrierte man sich auf einfachere Lösungen.

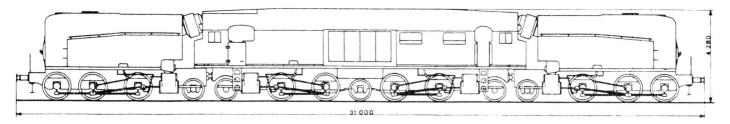

Oben: Die erste Franco-Lokomotive — 'le Mastodont'. Die Maschine besaß zwei Hauptkessel (auf dem mittleren Lokrahmen), die Anschlüsse zu den Vorwärmern sind wie bei der unten gezeigten Lok ausgeführt. Die Kohlenvorräte befinden sich in einem Bunker in der Mitte der Lok, das Speisewasser wird auf den Vorwärmerrahmen mitgeführt.
Unten: Umbau-Schnellzuglok 672 001 der Italienischen Staatsbahn. Die Maschine war mit einer Stromlinienverkleidung ausgerüstet.

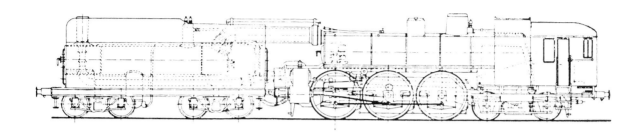

Versuchslok 672 001 mit FC-Vorwärmer auf dem Tender. Foto: FS.

Die Abgasvorwärmer mit Röhrenkessel, Franco- bzw. Franco-Crosti-Rauchgasvorwärmer genannt, wurden in der Hauptsache von dem italienischen Ingenieur Attilio Franco (1873-1936) entwickelt, der 1926 auch das Patent für seine Erfindung bekam. Nach Francos Tode wurde das System der Franco-Abgasvorwärmer von seinem Mitarbeiter Dr. Ing. Piero Crosti weiterentwickelt und vervollkommnet.

Fast alle späteren gut funktionierenden Abgasvorwärmer waren übrigens keine reinen Abgasvorwärmer, sondern waren mit einem zusätzlichen Abdampfvorwärmer gepaart (bei der DB Oberflächenvorwärmer bei der 50 1412 und Mischvorwärmer bei der 50.40-Serie.).

Die Franco-Crosti-Lokomotiven

Nach den beiden ersten Franco-Loks und noch vor Beginn des Zweiten Weltkrieges konnte das Problem der Unterbringung des Vorwärmers von Dr. Crosti befriedigend gelöst werden: Der Vorwärmerkessel wird in zwei Trommeln geteilt, die jeweils einen eigenen Schornstein besitzen und rechts und links seitlich unterhalb oder neben dem Langkessel untergebracht werden.

Nach diesem Prinzip des Franco-Crosti-Vorwärmers wurden 1938 bis 1942 5 Loks der Baureihe 685 (1'C1'h4) umgebaut, mit einer Stromlinienverkleidung versehen (später wieder teilweise entfernt) und unter Beibehaltung der Ordnungsnummern in Baureihe 683 umgezeichnet. Ebenso (jedoch bis auf einige 743 ohne Stromlinienverkleidung) wurden noch 95 Loks 1'Dh2-Reihe 740 (Umbau 1941-1953 in 743) und 25 Loks der 1'Ch2-Reihe 625 (Umbau 1954 in 623) mit zwei seitlichen Franco-Crosti-Vorwärmern und Schornsteinen ausgerüstet, außerdem natürlich die beiden 1951 in Dienst gestellten 42.90 der DB.

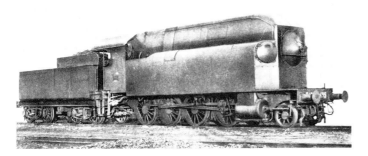

Lok 740 405 der FS in der Ausführung mit zwei seitlichen Vorwärmerkesseln. Die Maschine ist mit einer Teilverkleidung ausgerüstet, die aber wohl eher der Wärmeisolierung dienen soll, als daß sie die 60 km/h schnelle Maschine windschnittiger machen könnte. Foto: FS, Sammlung Jürgen Ebel.

Von 1954 bis 1960 wurde ebenfalls aus der Baureihe 740 der FS eine zweite Franco-Crosti-Lokbaureihe umgebaut, die 741 mit 81 Exemplaren. Hier wurde eine neue Variante des auf der Lok untergebrachten Franco-Crosti-Vorwärmerkessels verwendet. Der Vorwärmer besteht nur aus einem einzigen Röhrenkessel, der unter dem Langkessel liegt. Der Schornstein befindet sich auf der rechten Seite der Lok.

Ebenfalls mit nur einem Vorwärmerkessel und Schornstein auf der rechten Lokseite wurden 10 Loks der Klasse 9-F der Britischen Eisenbahnen (BR) bei ihrem Neubau 1955 ausgerüstet. Die 10 Maschinen gehören zu einer Serie von schweren 1'E-h2-Güterzuglokomotiven der Klasse 9. Diese Klasse wurde 1954 und 1955 in 251 Exemplaren (92000-92250) gebaut. Die Franco-Crosti-Loks bewährten sich nicht sehr, deshalb wurde um 1960 bei den 10 britischen FC-Loks 92020-92029 der FC-Vorwärmer wieder ausgebaut.

Auch die DB-50.40 gehörten zu der Franco-Crosti-Type mit einem unter dem Langkessel liegenden Vorwärmerkessel, jedoch mit Schornstein auf der linken Lokseite. Auch in Spanien gab es mehrere Projekte für Franco-Crosti-Loks. Es wurde jedoch nur eine einzige spanische Dampflok mit Abgasvorwärmer ausgerüstet: 1959 die 1'D-h2-Lok 140.2438. Auch bei ihr lag der FC-Kessel unter dem Langkessel, als Besonderheit war er aber in zwei Kammern unterteilt. Die aus der Rauchkammer kommenden Rauchgase wurden durch die erste Kammer nach hinten und durch die zweite Kammer wieder nach vorn geleitet, so daß der Schornstein an der gewöhnlichen Stelle über der Rauchkammer blieb. Die Lok befriedigte nicht sonderlich und wurde Anfang der 60er Jahre ausgemustert.

Eine ähnliche Lok wurde zur selben Zeit von Henschel für die DB entwickelt (Umbau aus Br. 41). Die Lok hatte im Gegensatz zur spanischen Type einen neuentwickelten Hauptkessel und versprach somit eine bessere Aufteilung der Heizflächen. Auf die Lok wird im Kapitel "Resumee" weiter eingegangen.

Außer den 2 Franco- und 249 Franco-Crosti-Lokomotiven wurden auch noch 31 Heizkesselwagen (bei der FS ab 1941) mit FC-Kesseln ausgerüstet. Als einzige Bahnverwaltung hatte die FS noch Anfang der achtziger Jahre Franco-Crosti-Loks in ihrem Bestand. Es waren dies Loks der modernen FC-Baureihe 741.

Insgesamt bewährten sich die Franco-Crosti-Loks am besten in Italien, wo Kohleeinsparungen bis zu 20% erreicht wurden. Daß hier die Ergebnisse besser waren als in anderen Ländern und sich die Loks in Italien so lange hielten, hatte u.a. folgende Gründe:
1. Große Stückzahlen (über 4/5 aller FC-Loks gehörten der FS) und damit verbunden preiswertere Ersatzteilhaltung.
2. Langjährige Erfahrungen mit dem Betrieb der FC-Loks.
3. Keine sehr großen Schwierigkeiten mit der Korrosion in den Vorwärmern wegen relativ kleiner Abmessungen der Loks, überwiegend guter Wasserqualität und frühzeitigem Einsatz von Speisewasseraufbereitungsmitteln, z.B. Nalco.

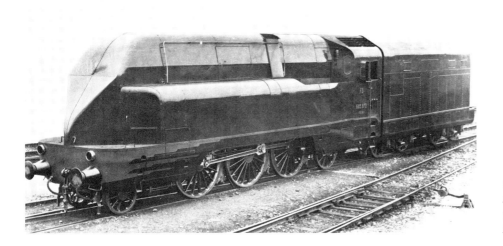

Die Baureihe 683 der FS war stromlinienverkleidet. Das Bild zeigt den ersten Bauzustand nach dem FC-Umbau, später wurden Teile der Verkleidung entfernt. Foto der 683 972: FS.

Bahnverwaltung	SNCB	FS	FS	FS	FS	FS	RENFE	BR	DB	DB
Baureihe	-	672	683	623	743	741	140	9-F	42.90	50.40
Anzahl	1	1	4	25	94	81	1	10	2	31
Indienststellung	1932	1935	1938/42	1954	1941-53	1954-60	1959	1955	1951	1954/58-59
Bauart	(C1')1'B1'(1'C)h8	C'2h4v	1'C1'h4	1'Ch2	1'Dh2	1'Dh2	1'Dh2	1'Eh2	1'Eh2	1'Eh2
Leistung (PS)	2200	1000	1450	920	1100	1100			1630	1540
Dienstgewicht (t)	250	126	126,6	86,3	122,8	118,4	79,3 o.T.	141,45	157,4	151,60
Länge über Puffer (mm)	31 000	25 187	20390	16 695	19 885	19 885			22 975	22 940
Höchstgeschwindigkeit (km/h)	60	110	120	80	60	60			80	80
Rostfläche (m²)	6,50	3,0	3,50	2,38	2,80	2,80	3,0	3,90	3,90	3,05
Dampfdruck (kg/cm²)	14	14	12	16	12	12	13	17,5	16	16
Strahlungsheizfläche (m²)		11,34	13,2					14,68	15,90	17,30
Rohrheizfläche Kessel (m²)		88,66	111,1		108,0	101,7		112,35	105,32	81,95
Überhitzerheizfläche (m²)		48,0	55,1		43,3	43,1		38,18	63,50	48,80
Rauchgasvorwärmer Heizfl.(m²)		110,0	109,6		87,0	81,66		94,85	128,96	94,22
Umbau aus Baureihe	-	670	685	625	740	740	140	-	-	50
Vorwärmkessel (Anzahl)	2	1	2	2	2	1	(2)	1	2	1
Betriebsnummern		001	965,966, 969,972, 981	001...-186	001...-467	001...-470	.2438	020-029	9000 - 1	4001 - 31

Bei dieser umgebauten Lok der Br. 623 der FS ist die Dampfleitung von den (Innen)-Zylindern zu den seitlichen Rauchkammern gut zu erkennen. Die Lok ist zusätzlich zum FC-Kessel auch mit Caprotti-Ventilsteuerung ausgerüstet. Foto: Squarzanti.

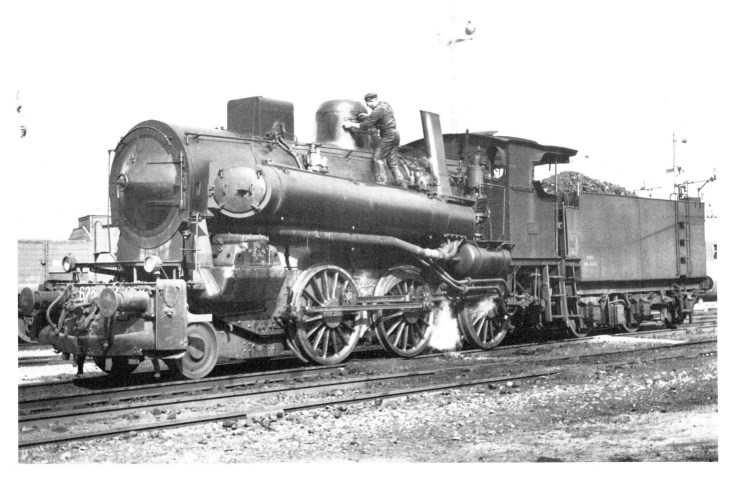

Der Weg zur Baureihe 42.90

Die Vorwärmerversuchsloks

Als Ende der vierziger Jahre die Deutsche Reichsbahn in den Westzonen daranging, ihren vernachlässigten Lokomotivbestand wieder wirtschaftlich aufzubauen, standen die Verantwortlichen gleich vor mehreren, fast unlösbaren Problemen:
1. Die Abwertung der Reichsmark, die auch noch 1947/48 gültiges Zahlungsmittel war, erlaubte kaum Investitionen.
2. Durch Entscheidung der Alliierten waren Lokomotivneubauten weitgehend blockiert.
3. Einer großen Zahl recht neuer Güterzuglokomotiven stand ein deutlicher Fehlbestand an Personenzugloks gegenüber.

In dieser Situation wären aber sofort große Investitionen nötig gewesen, um folgende Wünsche des Betriebsmaschinendienstes zu erfüllen:
1. Wiederausrüstung der Dampfloks mit den im Krieg abgebauten Vorwärmeranlagen. Von dieser Maßnahme sollten 214 Loks der Br.38.10, 255 der Br.56.20, 148 der Br.57.10, 344 der Br.50 ÜK und alle der Br.42 betroffen sein.
2. Neubau einer Personenzuglok "23 Neu".
3. Überwindung der technischen Stagnation der dreißiger Jahre durch Erarbeitung neuer Baugrundsätze und Schaffung neuer, leistungsfähiger und überlastbarer Dampfloks.

Als wie wichtig auch schon damals die Einsparung von Kohle angesehen wurde, läßt sich aus folgenden Zahlen ablesen: 1949 kostete die Tonne Ruhrkohle frei Tender ungefähr DM 48,00. Bei einer Ausrüstung aller geeigneten Loks mit Vorwärmeranlagen wäre eine Verminderung des Kohlenverbrauchs um ca. 10% möglich gewesen. Dies hätte eine Einsparung von DM 3 000 000 im Monat (!) ergeben. Diese Zahlen mögen genügen, um das Bemühen der DRw bzw. der DB zu erklären, auch zur Zeit einer Null-Motorisierung der Bevölkerung jede mögliche Tonne Kohlen einzusparen.

Über die ersten neu entstandenen Einheitsloks der Brn. 23, 65 und 82 soll hier nicht weiter berichtet werden, da sie entstanden, bevor leistungsfähige Vorwärmeranlagen betriebsreif entwickelt waren. Bekanntlich waren die ersten Neubauloks mit dem (veralteten) Knorr-Oberflächenvorwärmer oder sogar ohne Vorwärmer (Br.82) abgeliefert worden.

Schon 1948 war man überzeugt, daß für neuzeitliche Dampfloks nur der Mischvorwärmer eingeführt werden sollte, da er neben der Vorwärmung des Speisewassers auch eine Kondensatrückgewinnung (das Kaltwasser wird direkt vom Abdampf durchströmt, der sich teilweise niederschlägt) und somit Wasserersparnis versprach.

Wegen der hohen Anschaffungskosten (der Mischvorwärmer 'Henschel MVR' kostete z.B. DM 13 000) hielt man den Vorwärmer nur für die Loks für geeignet, die mehr als 5.000 km im Monat zu leisten hatten. Bei Maschinen mit geringerer Laufleistung hielt man den Anbau von Abdampfstrahlpumpen für wirtschaftlicher. Ab 1948 wurde deshalb ein umfangreicher Betriebsversuch durchgeführt, um zu einer serienreifen und einfachen Mischvorwärmeranlage zu kommen (nicht vergessen werden darf, daß gleichzeitig auch die umfangreichen Versuche mit Umbaukesseln mit Verbrennungskammer, Stokerfeuerung und anderen Neuerungen begannen). Alle diese Versuche waren erst Mitte der fünfziger Jahre abgeschlossen).

Schon vor und während des Krieges hatte die DR einige Mischvorwärmerbauarten praktisch erprobt. Bekannt sind Versuche mit Heinl-Vorwärmern im September 1940 (auf Br.50) sowie die Ausrüstung von 50 1149 und 42 591 mit einem Knorr-Mischvorwärmer und 42 2637 mit einem Heinl-Mischvorwärmer neuerer Bauart. Der Heinl-MV war zunächst noch nicht mit einem Wasserspeicher ausgerüstet, so daß nach längerem Stillstand doch wieder (wie beim Oberflächenvorwärmer) kalt gespeist werden mußte. Der Erfolg des Heinl-MV fand erst zehn Jahre später in Form des weiterentwickelten MV'57 statt.

Die ersten Dampfloks, deren Bau nach dem Krieg durch die Alliierten freigegeben wurde, waren Loks der 52-Normalausführung. Ihr Bau war schon im Krieg begonnen worden. Die eigentlichen 'Eltern' der späteren Neubauloks und der Franco-Crosti-Loks waren aber erst die letzten 40 Loks der Br.52, die neu gebaut wurden. Mit Verfügung vom 3.6.48 hatte die Hauptverwaltung der DRw angeordnet, 70 Loks der Br.42 und 65 Loks der Br.52 mit einem Mischvorwärmer auszurüsten. Die Ausführung wurde nicht festgelegt und erlaubte somit Versuche mit verschiedenen Bauarten (siehe hierzu auch: Niederschrift der 3. Sitzung des Fachausschusses Lokomotiven, Punkt 4). Die Verfügung wurde allerdings mehrmals abgeändert, so daß diese Darstellung sich darauf beschränken muß, die tatsächlich durchgeführten Umbauten und Neubauten aufzuzählen. Beibehalten wurde allerdings der Beschluß, insgesamt 40 Loks der Br.52 als Vorwärmerversuchsloks neu zu bauen. Hergestellt wurden die Loks ausschließlich von Henschel, und zwar unter den Fabriknummern 28277/48-28316/51. Die vierzig Maschinen erhielten die Nummern 52 124-143 und 52 875-892. Zwei aus der Serie wurden als 42.90 abgeliefert (deshalb auch die nur 38 52-Nummern). Die ersten fünf Loks hatten aus Vergleichsgründen keine Vorwärmer, sondern waren (wie die 52-Serie) mit zwei Strahlpumpen ausgerüstet. Die übrigen erhielten folgende Vorwärmer: 31 Loks Henschel-Vorwärmer in verschiedenen Ausführungen, zwei Loks Heinl-Vorwärmer und zwei Loks Abgasvorwärmer Bauart Franco-Crosti. Die Vorwärmeranlagen verteilten sich wie folgt:

Die "Neubau"-52 der DB

Fabriknummer Henschel	Loknummer	abgeliefert	Vorwärmer	Speisepumpe
28277/48	52 124	1.48	kein Vorwärmer	
28278/48	125	1.48	" "	
28279/48	126	1.48	" "	
28280/48	127	3.48	" "	
28281/48	128	8.48	" "	
28282/48	129	8.48	Henschel MVR mit Aufbau	Turbopumpe VTB-B 18000
28283/48	130	9.48	" " " "	" "
28284/48	131	10.48	" " " "	" "
28285/48	132	11.48	" " " "	" "
28286/48	133	12.48	" " " "	Kolbenpumpe KT 1 + Heber
28287/49	134	1.49	" " " "	Turbopumpe VTB-B18000 + Heber
28288/49	135	2.49	" " " "	,, ,, ,,
28289/49	136	4.49	" " " "	,, ,, ,,
28290/49	137	5.49	" " " "	,, ,, ,,
28291/49	138	5.49	Henschel-Rörenvorwärmer	Turbopumpe VTB-B 18000
28292/49	139	7.49	Henschel MVR mit Aufbau	" "
28293/49	140	9.49	,, ,, ,,	" "
28294/49	141	9.49	Henschel MVR	" "
28295/49	142	10.49	– ohne Aufbau	" "
28296/49	143	11.49	" " " ,,	" "
28297/50	875	1.50	" " " "	" "
28298/50	876	1.50	" " " "	" "
28299/50	877	1.50	" " " "	" "
28300/50	878	.50	" " " "	" "
28301/50	879	.50	" " " "	" "
28302/50	880	4.50	" " " "	" "
28303/50	881	.50	" " " "	" "
28304/50	882	.50	" " " "	" "
28305/50	883	.50	" " " "	" "
28306/50	884	7.50	" " " "	" "
28307/50	885	8.50	" " " "	" "
28308/50	886	.50	" " " "	" "
28309/50	887	.50	" " " "	" "
28310/50	888	.50	" " " "	" "
28311/51	52 889	.51	" " " "	" "
28312/51	890	.51	" " " "	" "
28313/51	42 9000	12.50	Franco-Crosti-Vorwärmer	Kolbenpumpe KT 1
28314/51	42 9001	1.51	,, ,, ,,	"
28315/51	52 891	.51	Heinl MV	Kolbenpumpe V 10
28316/51	892	.51	,,	"

So sahen die Schwesterloks der 42.90 mit Henschel-Mischvorwärmer aus: 52 885 (Henschel 28307/50) besaß den Henschel MVR ohne Rauchkammeraufbau und die Turbospeisepumpe VTP-B 18000. Ihr Kessel wurde übrigens 1961 in die 50 1502 eingebaut. Das Foto entstand auf der rechten Rheinstrecke bei Koblenz – Ehrenbreitstein am 5.7.58. Foto: Peter Lösel.

Vorwärmerversuche wurden außerdem an folgenden Loks durchgeführt (Einbau jeweils ca. 1950/51):

Knorr-Mischvorwärmer: 44 1383

Henschel-Mischvorwärmer:
01 042, 046, 112, 154, 192
42 1034, 1079
44 475, 629, 1174, 1210
50 266, 1420, 2107, 2323, 2399, 2400, 2403, 2417, 2425, 2689, 2707, 2714, 2717, 2720, 2742, 2745, 2759, 2790, 2791, 2812, 2816, 2851, 2903, 2915, 2959, 3025, 3039,
50 1149 (Umbau des Knorr-Vorkriegsvorwärmers)

Grundsätzlich bewährten sich die verschiedenen Bauarten betrieblich, allerdings schied der Knorr-Vorwärmer aus Preisgründen aus. Der Heinl-Vorwärmer wurde zunächst wegen seiner komplizierten Bauart abgelehnt, obwohl er eindrucksvolle Kohlesparergebnisse brachte. Beim Henschel-MV machte hauptsächlich die Turbospeisepumpe Schwierigkeiten, da sie unzuverlässig und mit hohem Dampfverbrauch arbeitete.

Eine Vorwärmerbauart fehlte in der Wirtschaftlichkeitsliste der Vorwärmer: Der auf den Loks 42 9000 und 9001 montierte Franco-Crosti-Abgasvorwärmer.*

Die Erklärung dafür ist einfach: Die Loks sollten gar nicht gebaut werden.

---

*Die Loks mußten aus Gewichtsgründen (wegen des schweren Vorwärmers) aus der 52-Reihe herausgenommen werden und als 42 bezeichnet werden. Der Grund für die Bezeichnung als 42 9000 und 9001 ist nicht bekannt.
Eigentlich wäre es richtiger gewesen, die Loks als Umbau aus 52 891 und 892 zu bezeichnen und den letztgebauten 52 die Nummern 52 893 und 894 zu geben. Fabriknummermäßig wäre das richtig gewesen (siehe Liste), nur wollte man wohl eine Lücke in den Nummern vermeiden.

Der Bau der Br.42.90

Der erste Vorschlag, Lokomotiven der Deutschen Reichsbahn mit FC-Vorwärmern auszurüsten, stammte von Baurat Dr. Metzeltin. Er setzte sich in einem Artikel in der April-Ausgabe von Glasers Annalen 1948 für die Verwirklichung des FC-Konzeptes ein. Der Deutschen Reichsbahn und dem Fachausschuß Lokomotiven legte er ein Umbaukonzept vor, das beweisen sollte, daß auch auf einer großen Reichsbahn-Schlepptenderlok eine Vorwärmanlage nach Muster der italienischen Br.743 (mit zwei Vorwärmkesseln) unterzubringen wäre.

Auf seiner Sitzung von 19.-21.10.48 beschäftigte sich der Fachausschuß Lokomotiven ausführlich mit dem Vorschlag des inzwischen verstorbenen Dr. Metzeltin. Während der Diskussion ergab sich Einigkeit darüber, daß der Bau eines Franco-Crosti-Vorwärmers konstruktiv tatsächlich keine großen Schwierigkeiten machen würde. Die bei den Versuchen mit der italienischen 685 festgestellten Sparergebnisse führte man aber einerseits auf die verschiedenen Betriebsbedingungen bei den Versuchen zurück, andererseits auf den zusätzlichen Einbau eines Abdampfvorwärmers (Oberflächenvorwärmers) bei der FC-Lok. Somit stellte man fest, daß der erhebliche bauliche Aufwand und die größeren Unterhaltungskosten beim FC-Vorwärmer wohl keinen wirtschaftlichen Erfolg bringen würden. Es wurde folgender Beschluß gefaßt:

"Die eingehende Erörterung des Abgasvorwärmers Franco-Crosti ergab Übereinstimmung, daß aus räumlichen und gewichtsmäßigen Gründen sowie im Hinblick auf die gegenüber den italienischen Vergleichslok nach moderneren Gesichtspunkten ausgelegte Heizflächenverteilung der Reichsbahnlok eine Anwendung nicht gerechtfertigt ist."

Nebenstehend: Verschiedene Ausführungen des Henschel-Mischvorwärmers (eingebaut in die Loks 52 129-143 und 875-890).

Anlage 1
zum Bericht des RZA
Göttingen 2231 Fklvv
8/48 vom 10.3.1949

Wirtschaftlichkeitsübersicht der Speisewasservorwärmer

1) Kostenart: Einrichtung		Dampfstrahl-pumpe	Abdampfstrahl-pumpe	Knorr Oberflächen-Vorwärmer	Henschel-Mischvorwärmer	Knorr Mischvorwärmer (Angebot)	Heinl-Mischvorwärmer
2) Beschaffungskosten der Pumpe	DM	318	1 350 +)	2 515	2 100	2 700	3 000 ++)
3) Beschaffungskosten des Vorwärmers		-	-	1 770	-	-	-
4) Beschaffungskosten der Rohre, Halterungen pp	DM	600 +)	1 200 +)	715 +)	1 000	1 645	2 000 ++)
5) Einbaukosten	DM	1 000 +)	1 500 +)	1 500 +)		2 500 +)	2 500 ++)
6) Beschaffungskosten und Einbaukosten zusammen		1 918	4 050	6 500	15 100	6 845	7 500
7) Verzinsung 6 %	DM	115	243	378	786	412	450
8) Abschreibung 4 %	DM	77	162	252	525	274	300
9) Bw-Unterhaltung / 1000 km	DM	0,50 +)	0,71	1,97	2,50 +)	2,50 +)	3,00 ++)
10) Bw-Unterhaltung / Jahr	DM	45 +)	64	177	225 +)	225 +)	270 ++)
11) RAW-Kosten / Jahr	DM	72 ++)	95 +)	265 +)	337 +)	337 +)	405 ++)
12) Ausgaben zusammen / Jahr	DM	309	564	1 072	1 873	1 248	1 425
13) Wärmeersparnis q max bei großer Leistung	%	Frischdampfanteil 8,75 / 0,0	4,8 / 4,46	1,91 / 8,75	3,65 / 8,38	Noch keine Versuchsergebnisse vorhanden.	4,42 / 8,36
14) Wärmeersparnis q max bei mittlerer Leistung	%	5,66 / 0,0	/ 4,76	4,21 / 8,70	4,96 / 6,25	"	4,9 / 7,85
15) Wärmeersparnis im betrieblichen Durchschnitt q	%	Frischdampfanteil 7,8 / 0,0	/ 4,05	4,0 / 3,30	5,45 / 5,90	"	5,05 / 7,65
16) Kohleersparnis im betrieblichen Durchschnitt q/m_k	%	/ 0,0	/ 5,33	/ 4,34	/ 7,76	"	/ 10,0
17) Kohlekosten / Lok und Jahr	DM	81 700	81 700	81 700	81 700	81 700	81 700
18) Ersparnis an Kohlekosten/Jahr	DM	0	4 350	3 540	6 330	-	8 170
19) Vorteil je Lok und Jahr	DM	0	3 786	2 468	4 457	-	6 745

+) geschätzte Werte
++) auf sehr schwacher Grundlage geschätzte Werte

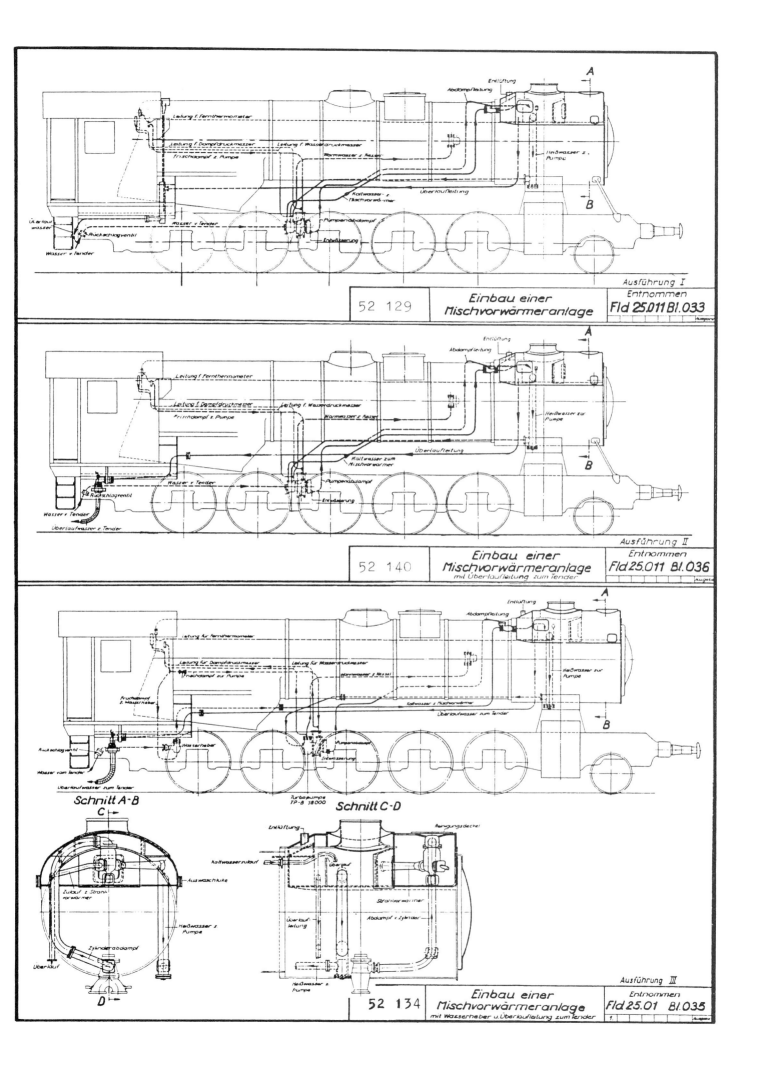

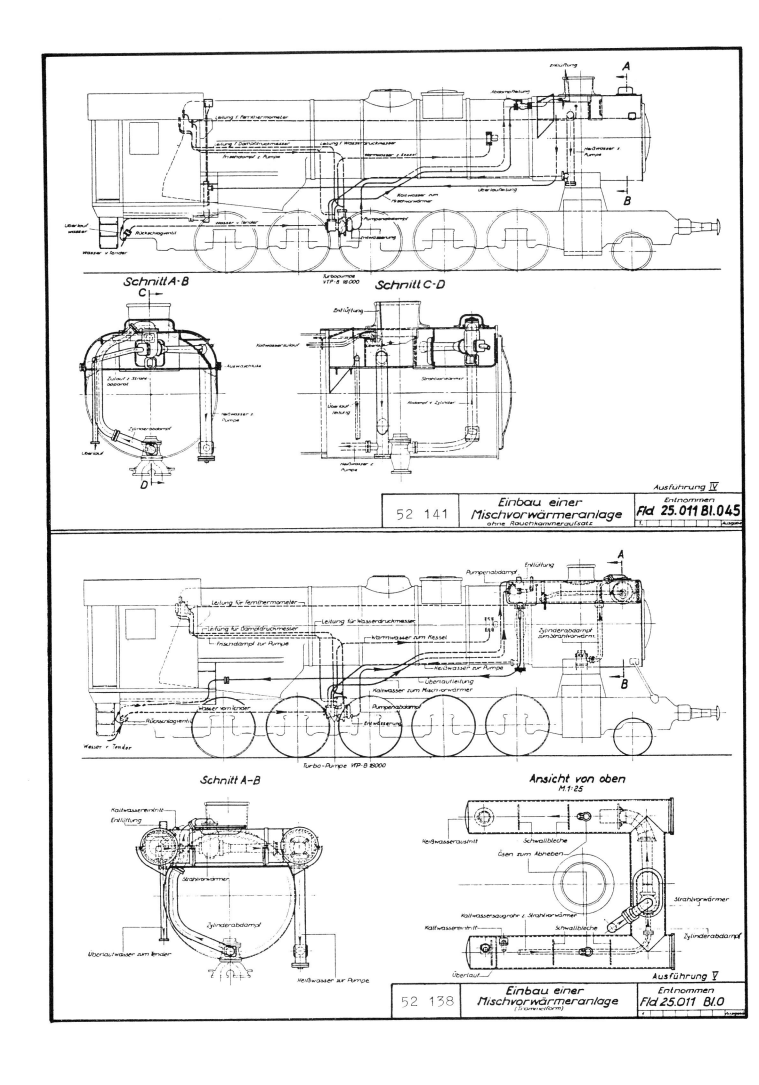

Mit dieser Entscheidung gaben sich die Franco-Gesellschaft und Prof. Crosti allerdings nicht zufrieden. Da er zeitweise für Henschel tätig war, arbeitete Prof. Crosti einen Umbauentwurf für die seinerzeit bei Henschel gerade in Serie gebauten Br.52 aus. Der Entwurf basierte auf der Ausführung "743" mit zwei Abgaskesseln, die allerdings aus Profilgründen unter dem Hauptkessel untergebracht wurden. Der endgültige Beweis, daß auch auf großen Loks der Einbau der Abgaskessel ohne Profilüberschreitung möglich war, und die geschäftlichen Verbindungen der Fa. Henschel zur Reichsbahn ermöglichten dann die Verwirklichung. Zwei Jahre nach dem eigentlich endgültigen "Aus" waren die beiden 52-Umbauten nach Entwurf von Prof. Crosti bei Henschel fertiggestellt.

Hierzu teilt Dipl. Ing. Theodor Düring, der ehemalige Leiter des Lokversuchsamtes Minden, mit:

"Es trifft zu, daß DB-seitig (bzw. damals noch DR in der Bi-Zone) wenig Neigung bestand, sich mit der ausgefallenen Sonderbauart der FC-Lok zu befassen (siehe auch Einstellung des Fachausschusses Lokomotiven). Aber der Erfinder und Patentinhaber Prof. Crosti 'rannte' nicht nur der Fa. Henschel, sondern auch dem damaligen Leiter der Maschinentechnischen Abteilung der Hauptverwaltung 'das Haus ein'. Ministerialdirektor Alfons Brill, zurückgekehrter Emigrant und wenig erfahren in konstruktiven Dingen (vor dem Kriege war er bis ungefähr 1936 Vorstand des Maschinenamtes Karlsruhe und Reichsbahnrat gewesen), ließ sich schließlich 'breitschlagen' und ordnete – meines Wissens zunächst über den Kopf des Reichsbahnzentralamtes Göttingen und dessen Bauart-Dezernenten Reichsbahndirektor Witte hinweg bzw. gegen dessen Widerstand – die Umgestaltung der beiden letzten Nachbau-52 (52 893 und 894) zu FC-Lokomotiven nach dem Vorschlag Prof. Crostis mit je zwei seitlich schräg angeordneten Vorwärmertrommeln und Schornsteinen (wie bei den FC-Lokomotiven der Reihe 740 der FS) an. Witte lehnte die Verantwortung für diese Bauart und sich daraus ergebende betriebliche Erschwernisse ab. Bei der ersten Vorführfahrt der 42 9000 mit unserem Meßzug 1 und Bremslok waren alle möglichen Koryphäen der Lieferfirma und der DB anwesend, auch ich selbst natürlich, aber Witte erschien nicht!

Die Fa. Henschel war damals nicht so notleidend, daß die Umgestaltung der beiden 52 ihr geholfen hätte, es war die Zeit, als die Auslandsaufträge bei den Dampflokomotiven wieder anliefen und die ersten Serien der neuen DB-Einheitslokomotiven Br. 23 und 82 im Bau waren. Vielmehr lediglich ein Entgegenkommen gegenüber Crosti, der wie ein Künstler auftrat, aber bei der FS wohl keine Aufträge für den Umbau weiterer italienischer Lokomotiven mehr bekommen konnte."

42 9000 und (im Hintergrund) 9001 während der Endmontage bei Henschel. Gut zu sehen sind die Abstützungen von Kessel und Vorwärmer auf den Rahmen. Foto: Henschel, Sammlung Dipl. Ing. Th. Düring.

Beim Bau der 42.90:
Links oben der Blick in Rauchkammer und Rauchkammertür der 42 9001. Deutlich zu sehen sind der Zwischenboden und der Umlenkkanal für die Rauchgase. Unten und oben ist der fertiggestellte Vorwärmer zu sehen. Für den Blick in die hintere Rauchkammer wurden die beiden hinteren Rauchkammertüren geöffnet. Im Betrieb konnten die Türen wegen des darüberliegenden Hauptkessels nur halb geöffnet werden. Links und rechts sind die beiden Unterteile der Schornsteine zu sehen. Fotos links und unten: Henschel, Sammlung Dipl. Ing. Th. Düring. Oben: Henschel, Sammlung Jürgen Ebel.

Erstes Probeheizen der 42 9000 im Werkshof bei Henschel im Januar 1951. Die Lok ist schon fertig lackiert, noch fehlen allerdings verschiedene Teile: Die Vorwärmer-Sicherheitsventile (vor dem Sandkasten) sind noch unverkleidet, die Druckausgleicher auf den Zylindern sind noch unverkleidet, die Isolierung der Einströmrohre fehlt noch.

Einige Tage später entstand das offizielle Pressefoto – nun war die Lok vollständig. Hinten auf dem Führerhausdach ist das – schon 1952 wieder entfernte – Rauchleitblech zu sehen. Die Lok hat ebenso wie 42 9001 eine Doppelverbundluftpumpe, die Mitte der fünfziger Jahre gegen eine zweistufige Pumpe ausgetauscht wurde. Die Lok ist grau lackiert. Beide Fotos: Henschel, Sammlung Jürgen Ebel.

Beschreibung der Lokomotiven mit Franco-Crosti-Vorwärmer Br.52 (42)

Allgemeines

Der Franco-Crosti-Vorwärmer ist ein Rauchgasvorwärmer, dessen Wirkung durch einen von Abdampf durchströmten Mantel verstärkt wird. Die erforderliche große Vorwärmerheizfläche ist in zwei Heizrohrkesseln untergebracht. Da der Lokomotivkessel mit hoch vorgewärmten Wasser gespeist wird, kann die Verdampfungsheizfläche erheblich verkleinert werden. Ein wesentliches Merkmal des Franco-Crosti-Vorwärmers ist es, daß die Vorwärmer beim Speisen unter Kesseldruck stehen. Außer dem Kessel- und Vorwärmersystem unterscheidet sich die Lokomotive nicht von der normalen Bauart, so daß die folgende Beschreibung sich auf die Vorwärmer beschränkt.

Lokomotivkessel (Aufbau)

Der Lokomotivkessel der Lokomotive Baureihe 52 (42) mit Franco-Crosti-Vorwärmer zeigt im Aufbau keine wesentlichen Abweichungen vom 52-Kessel normaler Bauart. Verringert wurde lediglich die Zahl der Heiz- und Rauchrohre, damit die Rauchgase nicht schon im Hauptkessel soweit abgekühlt werden, daß sie in den Vorwärmertrommeln den Taupunkt unterschreiten. Dementsprechend wurde auch der Überhitzer und der Dampfsammelkasten geändert sowie die bisherigen Pendelbleche, die durch Pendelstützen ersetzt wurden. Die Rauchkammer weicht von der bisherigen Form ab und erhält eine nach unten gezogene Bauart. In der Rauchkammertür ist ein Umlenkkanal eingebaut, der die Rauchgase ziemlich hoch aus der Kesselrauchkammer übernimmt (damit sich Flugasche absetzen kann und nicht in die Vorwärmkessel mitgerissen wird). Die in der Feuerbüchse erzeugten Heizgase werden, nachdem sie die Rohre im Lokomotivkessel durchzogen haben, durch diesen Umlenkkanal den Vorwärmerkesseln zugeführt. Nach dem Durchstreichen der Rohrbündel werden sie durch die seitlichen Vorwärmerschornsteine ins Freie geführt. Unterhalb der Kesselrohrwand zieht sich durch die Rohrwand eine waagerechte Scheidewand, die für eine einwandfreie Führung der Rauchgase zur Rauchkammertür sorgt und außerdem als Ablagefläche für Flugasche vorgesehen ist. Der normale Schornstein erhält einen Verschlußdeckel, der durch einen Hebel betätigt werden kann. Er ist während des Betriebes stets geschlossen zu halten und wird während des Anheizens solange geöffnet, bis der Hilfsbläser in den Vorwärmerschornsteinen in Tätigkeit tritt.

Bekleidung

Um Wärmeverluste zu vermeiden, ist der vordere Teil des Vorwärmerkessels einschließlich der Abdampfmäntel und die Rauchkammer des Langkessels mit einer Bekleidung versehen.

Vorwärmer

Die beiden Vorwärmer sind seitlich unter dem Langkessel angeordnet. Dafür mußte der Langkessel um 250 mm angehoben werden. Jeder Vorwärmer besteht aus einem zylindrischen Körper (Kessel), welcher ein Rohrbündel mit je 103 Rohren enthält. Die Rohrbündel können zur Reinigung nach vorn durch die Rauchkammer herausgezogen werden. Der Vorwärmer ist teilweise mit einem Mantel umgeben, durch den der

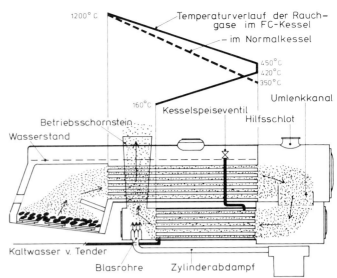

Wärmegewinn im Franco-Crosti-Kessel. Der Temperaturabfall in der vorderen Rauchkammer ist auf Abkühlungsverluste in der einwandigen Rauchkammer zurückzuführen.

Anordnung der Speiseeinrichtungen von 42 9000 und 9001.

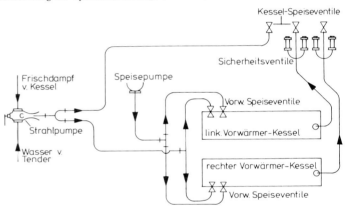

Abdampf der Lokomotive (Zylinder, Pumpen, Lichtmaschine) geführt wird. Der Abdampf wird vor dem Einführen in die Vorwärmer-Abdampfmäntel in ein gemeinsames Zwischenstück geleitet, so daß eine gleichmäßige Verteilung auf beide Vorwärmkessel erreicht wird und hierdurch die Dampfschläge in beiden Schornsteinen gleichzeitig erfolgen. Der vordere Teil der Vorwärmerkessel ragt in die nach unten gezogene Rauchkammer hinein, während die hinteren Enden der Vorwärmerkessel durch eine gemeinsame Rauchkammer verbunden sind, auf die sich links und rechts — seitlich am Lokomotivkessel, dicht vor dem Stehkessel angeordnet — die Schornsteine aufsetzen. Die Abdampfmäntel der Vorwärmerkessel sind mit dem Schornstein, in welchem je drei Blasrohrdüsen eingebaut sind, durch je einen Abdampfkanal verbunden. Das in den Dampfmänteln sich bildende Kondensat wird durch Entwässerungsrohre laufend abgeführt. In den beiden Schornsteinen befindet sich außer den Blasrohrdüsen auch noch je ein Hilfsbläser.

Kesselspeisung

Dadurch, daß die Vorwärmer beim Speisen unter Kesseldruck stehen, kann die Vorwärmung bis dicht an den durch den Druck gegebenen Siedepunkt getrieben werden, also weit über 100°C. Die Heizgase sind nach Prof. Crosti bis auf etwa 150°C abgekühlt, nachdem sie die Vorwärmer durchzogen haben. Dies bedingt, daß die Vorwärmerheizfläche einen beträchtlichen Teil der Gesamtheizfläche ausmacht. Außerdem wird ein Teil der Verdampfungswärme des Abdampfes ebenfalls ausgenutzt. Um eventuell auftretenden Unregelmäßigkeiten bei den Kesselspeiseventilen zu begegnen, ist jeder Vorwärmer mit zwei Sicherheitsventilen gesichert, die in der Rohrleitung vor dem Kesselspeiseventil angeordnet sind.

Die Speiseeinrichtung besteht aus
1 Speisepumpe
1 Strahlpumpe
2 Vorwärmer-Speiseventilen (Bauart Br.82)
3 Kessel-Speiseventilen
1 Umschalthahn und
4 Sicherheitsventilen für die Vorwärmer einschließlich der entsprechenden Rohrleitung

Es kann auf folgende Weise gespeist werden:
1) mittels Speisepumpe
2) mittels Strahlpumpe
3) kann außerdem über den hinter der Strahlpumpe angeordneten, plombierten Umschalthahn der Lokomotivkessel auch direkt gespeist werden.

Die Speisung des Kessels geschieht bei diesen Lokomotiven normalerweise mit der Speisepumpe. Das Speisewasser wird gleichmäßig über die am Vorwärmer seitlich angeordneten Speiseventile in die Vorwärmerkessel gedrückt. Es tritt hinten am Vorwärmer ein und vorn aus, während die Rauchgase die Rohre von vorn nach hinten durchströmen, so daß die Vorwärmer nach dem Gegenstromprinzip arbeiten. Durch eine Rohrleitung wird das vorgewärmte Wasser über ein weiteres Speiseventil normaler Bauart in den Kessel geleitet.

Bemaßung der Vorwärmertrommeln:

Heizfläche jeder Trommel	64,48	m³
Heizrohrabmessungen	44,5 x 2,5	mm
Anzahl der Heizrohre je Trommel	103	
Abstand der Vorwärmerrohrwände	4600	mm
Vorwärmerleergewicht ohne Ausrüstung	6350	kg
Vorwärmerleergewicht mit Ausrüstung	6600	kg

Quelle: DV 930.86 (erweiterter Nachdruck). Anmerkung: Die Liste der technischen Angaben ist aus Vergleichsgründen im Kapitel über 50 1412 enthalten.

Die Erprobung und Betriebsbewährung

Nach der Abnahme wurden beide Loks durch das Versuchsamt Minden eingehend erprobt. Die Erprobungen erstreckten sich hauptsächlich auf die Ermittlung der charakteristischen Temperaturen im FC-Kesselsystem, die Ermittlung des Kesselwirkungsgrades und des Gesamtwirkungsgrades der Lokomotiven.

Zugkraft und Verdampfungsleistung der neuen Maschinen lagen weit über den Leistungen der verglichenen Br.52. Beides verwundert nicht, denn Reibungsgewicht und Verdampfungsheizfläche waren durch den Einbau des FC-Vorwärmers wesentlich größer geworden (Verdampfungsheizfläche Br.42.90: 250,18 m², Br.42: 199,54 m², Br.52: 177,83 m²).

Außerdem stellte sich heraus, daß die Maschinen entgegen den zwei Jahre vorher geäußerten Befürchtungen voll betriebstauglich waren. Die betrieblichen Aufwendungen zur Behandlung der Loks waren zunächst nur minimal höher als bei normalen Maschinen: Das Auswaschen dauerte zehn Stunden gegenüber neun bei der Normal-52, für die Rauchkammerreinigung der 42.90 waren alle acht bis zehn Tage zehn Minuten aufzuwenden.

Schwierigkeiten gab es von Anfang an mit dem Schließmechanismus des Anheizschornsteins. Häufig saß er fest und konnte dann nur mit roher Gewalt (Hammerschlägen) geschlossen werden. Ein geöffneter Schornstein, wie ihn das Bild der 42 9001 in Hamm zeigt, ließ in der Rauchkammer 1 keinen Unterdruck entstehen, was zu einer schlechten Saugzugleistung und damit zu einer schlechten Feueranfachung führte.

Die 42.90 wurden während der Mindener Zeit planmäßig nach Hamm eingesetzt. 42 9001 wurde im Frühjahr 1952 im Bw Hamm aufgenommen. Die Lok besitzt schon Windleitbleche, hat aber noch die ursprüngliche graue Lackierung. Häufig war, wie hier zu sehen, der Deckel auf dem Anheizschornstein verklemmt und konnte nicht geschlossen werden. Foto: Sammlung Hammer Eisenbahnfreunde.

Somit ist einleuchtend, daß FC-Loks, die ohnehin durch die langen Zuleitungen von den Zylindern zu den Blasrohren in den Seitenschornsteinen einen weit größeren Maschinengegendruck als normale Loks zu überwinden hatten, durch einen offenstehenden Anheizschornstein fast betriebsuntauglich wurden.

Die Abdampfdrücke vor dem Vorwärmer (der Maschinenabdampf durchströmte den Vorwärmermantel) und im Blasrohr unterhalb der Blasrohrdüsen lagen bei 0,49 Atü, demgegenüber hatte die Br.52 bei gleicher Maschinenleistung einen Maschinengegendruck von nur 0,16 Atü. Um diesen hohen Gegendruck zu überwinden, war ein recht hoher Blasrohrdruck notwendig (0,35 Atü). Durch diesen hohen Blasrohrdruck war dann die Saugzugwirkung (wenn der Anheizschornstein geschlossen war) und damit der Unterdruck in Rauchkammer und Vorwärmerheizrohren besonders groß. Die Feueranfachung war wegen der sehr guten Saugwirkung überdurchschnittlich gut und infolge der langen Wege im Kessel auch sehr gleichmäßig. Durch diese gleichmäßige starke Feueranfachung wurde der Verlust durch unverbrannt aus der Feuerkiste mitgerissene Brennstoffteile meßbar geringer.

Beide 42.90 waren ursprünglich nicht mit Windleitblechen ausgerüstet. Schon bei den ersten Probefahrten stellte sich heraus, daß die Leistung der insgesamt sechs Blasrohre in den Seitenschornsteinen nicht ausreichte, den Abdampf samt den Rauchgasen hoch aus der Maschine herauszudrücken. So gerieten die flach über die Lok streichenden Rauchgase in den Sog zwischen Tender und Führerhaus und führten, da sie auch ins Führerhaus eindrangen, zu gesundheitlichen Beeinträchtigungen beim Lokpersonal. Vorausschauend hatte man zwar auf dem Führerhausdach Rauchleitbleche (Spoiler) angebracht, die aber wegen ihrer geringen Größe nutzlos waren und bald wieder abgebaut wurden. Noch 1951 wurden deshalb beide Loks mit großen Windleitblechen der Br.50 ausgerüstet (man hielt die kleinen Degenkolb/Witte-Bleche für nicht ausreichend). Ab 1953 wurden auch an den beiden Seitenschornsteinen kleine Windleitbleche angebracht, die bei beiden Loks noch 1959 gegen größere getauscht wurden. Alle diese Maßnahmen brachten aber nur geringen Erfolg.

Die Personale klagten auch über die geringe Streckensicht nach vorn. Der dicke Hauptkessel (Durchmesser 1700 mm)

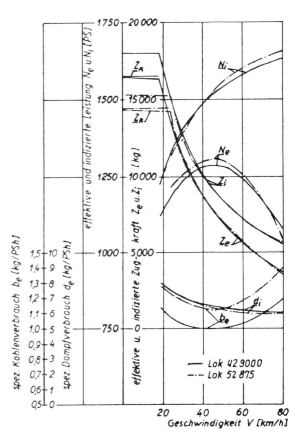

Leistungscharakteristik bei einer Dampferzeugung (Dges) von 10.120 kg pro Stunde.

Blick vom Platz des Lokführers auf die Strecke. Nach Anbau der Windleitbleche wurde die Streckensicht noch schlechter. Das Foto entstand während der ersten Probefahrten bei Kassel noch vor der Abnahme durch die DB. Foto: Henschel, Sammlung Dipl. Ing. Th. Düring.

und die daneben stehenden Seitenschornsteine zwangen Lokführer und Heizer, fast dauernd den Kopf aus dem Seitenfenster zu strecken, um überhaupt ausreichende Streckensicht zu haben.

Ansonsten war das Personal mit den Loks recht zufrieden, waren sie doch bekannt als sehr gute "Dampfkocher". Gegenüber dem Dienst auf den Brn. 50 oder 52 war die Arbeit auf der 42.90 rein handwerklich um einiges leichter, da sie gegenüber den genannten Loks wegen ihres größeren Kessels und der größeren Reibungslast erhebliche Leistungsreserven bei recht geringem Kohleverbrauch hatten. Ihr Spitzname "Osterhase", der auf die beiden Seitenschornsteine anspielt, spricht sogar für eine gewisse Beliebtheit.

Der Weg, über eine Vergrößerung der Gesamtheizfläche zu einer wirtschaftlichen Wärmeausnutzung zu kommen, widersprach der seinerzeitigen Lehre über DB-Neubaukessel. Während bei diesen der Anteil der direkten Strahlungsheizfläche an der Gesamtheizfläche möglichst groß gehalten wurde, um das Gewicht des Langkessels klein zu halten, nahm Prof. Crosti den erhöhten Konstruktionsaufwand in Kauf, um durch die möglichst weitgehende Abkühlung auf einer großen Gesamtheizfläche wärmewirtschaftliche Gewinne zu erzielen. Diese weitgehende Ausnutzung der Rauchgase brachte nun auch eine Wiederholung der Sparerfolge, die schon die Italienische Staatsbahn mit ihrer Br.743 erlebt hatte. Die 42.90 war der Vergleichsbaureihe 42, die ihr zugkraftmäßig am nächsten stand, wirtschaftlich weit überlegen.

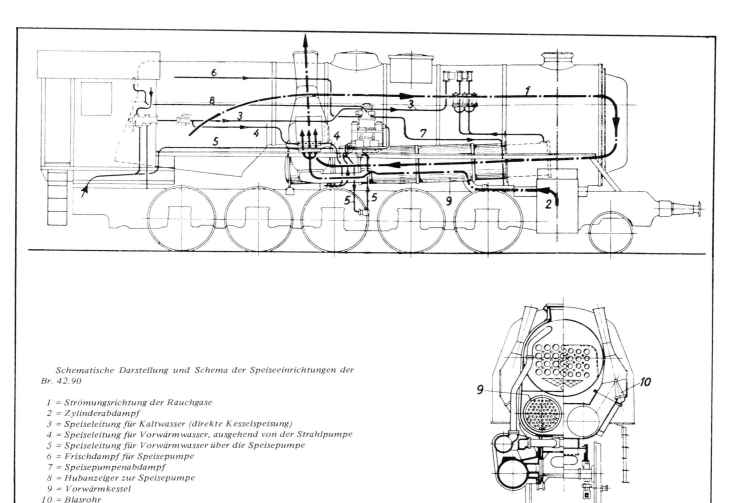

Schematische Darstellung und Schema der Speiseeinrichtungen der Br. 42.90

1 = Strömungsrichtung der Rauchgase
2 = Zylinderabdampf
3 = Speiseleitung für Kaltwasser (direkte Kesselspeisung)
4 = Speiseleitung für Vorwärmwasser, ausgehend von der Strahlpumpe
5 = Speiseleitung für Vorwärmwasser über die Speisepumpe
6 = Frischdampf für Speisepumpe
7 = Speisepumpenabdampf
8 = Hubanzeiger zur Speisepumpe
9 = Vorwärmkessel
10 = Blasrohr

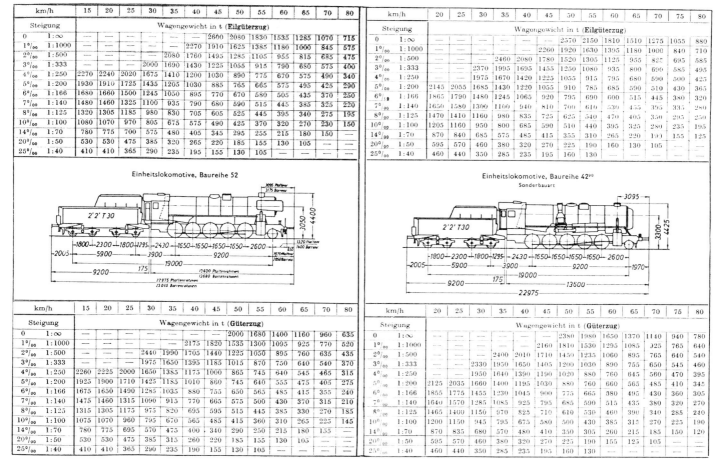

Leistungstafeln der Baureihen 42.90 und 52 im Vergleich (entnommen aus DV 939 a der Deutschen Bundesbahn).

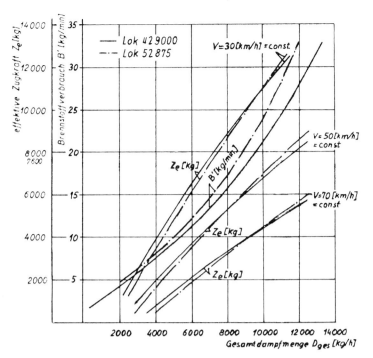

Brennstoffverbrauch von 42 9000 und 52 875 im Vergleich. Meßbare Kohleersparnis bei 42 9000 ergab sich nur in den oberen Leistungsbereichen (die nur selten gefordert werden).

Frühzeitig machten allerdings die Versuche deutlich, daß die Br.42.90 weder mit der im Triebwerk großzügiger dimensionierten Br.42 noch mit der leichteren Br.52 verglichen werden konnte, daß somit die Wirtschaftlichkeit des FC-Vorwärmers nicht schlüssig festgestellt werden konnte.

Bei der Konstruktion der 42.90 war man davon ausgegangen, einen möglichst großen Vorwärmer auf der Lok unterzubringen und somit die Wärmeenergie der Rauchgase möglichst weitgehend auszunutzen. Außer den Brn. 06 und 45 hatte die 42.90 die größte Gesamtheizfläche aller deutschen Einheitsdampfloks!

Charakteristisch für die FC-Vorwärmeranlage war, daß sie um so höhere Sparerfolge gegenüber den normalen Vergleichsloks erbrachte, je größer die Auslastung der Maschine war. Dieses ist einfach zu erklären: Je größer die Kesselleistung ist, desto größer ist auch die Wärmeausbeute aus den Rauchgasen und somit auch die Temperatur des vorgewärmten Speisewassers.

Nun war, wie schon festgestellt, der Kessel der 42.90 durch die großen Vorwärmerheizflächen wesentlich verdampfungsfreudiger geworden als der Ursprungskessel der Br.52. Die 42.90 war somit im Leistungsbereich der vergleichbaren (?) Güterzugloks (charakteristisch sind Geschwindigkeiten von 30-60 km/h bei einer Zugkraft von 2200-6500 kg) infolge ihrer hohen Kesselleistungsfähigkeit fast dauernd unterfordert. Die größere Vorwärmung des Speisewassers im FC-Vorwärmer konnte in diesem Arbeitsbereich nur teilweise wirksam werden, so daß eine Kohleeinsparung von höchstens 10% gegenüber der Normal-52 möglich schien. Diese Einsparung hätte aber sicher nicht den Konstruktionsaufwand und den erhöhten Unterhaltungsaufwand gerechtfertigt. Somit stand schon frühzeitig fest, daß nur ein wesentlich kleinerer FC-Kessel, der in seiner Gesamtheizfläche kaum über dem vergleichbaren Normalkessel liegen brauchte, große Sparerfolge gegenüber der Vergleichslok bringen konnte.

Auch stellte sich die Heizflächenverteilung des 42.90-Kessels als ungünstig heraus. Der Hauptkessel war ja von der Br.52 übernommen worden und nur nach den speziellen Bedingungen des FC-Vorwärmers umgebaut worden (durch geänderte Rohrteilung wurde die Heizfläche verkleinert, damit die Rauchgase eine höhere Austrittstemperatur hatten).

Schon am 20.4.53 vereinbarte deshalb die DB im Vertrag 22.042/23 0066 mit der Fa. Henschel, eine Lok der Br. 50 mit einem Franco-Crosti-Vorwärmer auszurüsten. Die Lok sollte mit einem eigens neu konstruierten Hauptkessel ausgerüstet werden und mit einem zusätzlichen 'Vor'-Vorwärmer ausgerüstet sein. Diese Entscheidung war auch durch das Auftreten von Schäden an den Kesseln der Br. 42.90 nötig geworden, die als bauartbedingt angesehen wurden.

Die weitgehende Auskühlung der Rauchgase im Vorwärmer ließ ihre Temperatur häufig unter 150°C absinken. Bei derart niedrigen Temperaturen schlagen sich die Abgase aus der verbrannten Kohle in den Vorwärmerheizrohren und in den hinteren Rauchkammern nieder (Taupunktunterschreitung). Dieses Phänomen läßt sich natürlich nicht nur bei den FC-Loks

	t/1000 Lok km	t/1 Mio Llt km	Ersparnis %	t/Mio koord. Brt.-km	Ersparnis %	Bw
Kohlenverbrauch bei Vergleichslokomotiven, Jahresdurchschnitt 1954						
Br. 52 mit Heinl-Vorwärmer	18,28	22,11	− 8,5	26,27	− 9,6	Minden
Vergleichslok (2 Strahlpumpen)	19,85	24,16		28,80		
Br. 42.90	18,51	21,54	− 15,3	26,70	− 12,9	(Jan.-Mai) Bingerbrück
Vergleichslok Br. 42 (zwei Strahlpumpen)	21,04	25,43		30,66		
Br. 42.90	15,48	22,88	+ 4,4	29,00	+ 5,5	(Juni-Sept.) "
Vergleichslok Br. 50 (Obfl.v.)	14,34	21,92		27,62		
Kohlenverbrauch bei Vergleichslokomotiven, Jahresdurchschnitt 1955						
Br. 42.90	15,20	23,78	− 1,3	30,64	+ 0,5	Bingerbrück
Vergleichslok Br. 50 (Obfl.v.)	15,52	24,10		30,49		

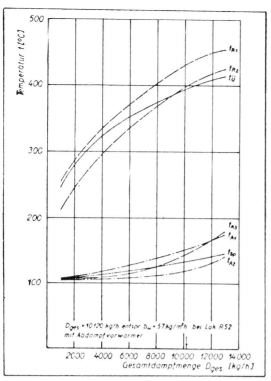

Dampf-, Speisewasser- und Rauchgastemperatur bei der Br. 42.90.

t ü	= Heißdampftemperatur vor Schieberkasten
t R 1	= Rauchgastemperatur in Kesselrauchkammer
t R 2	= Rauchgastemperatur vor Vorwärmer
t R 3	= Rauchgastemperatur hinter Vorwärmer
t Sp	= Mittlere Speisewassertemperatur hinter Vorwärmer
t A1	= Abdampftemperatur vor Vorwärmer
t A2	= Abdampftemperatur hinter Vorwärmer
t T	= Tenderwassertemperatur im Mittel 7°C

Beide 42.90 wurden Anfang 1951 vom Lokversuchsamt Minden ausgiebigen Meßfahrten unterzogen. Während der Meßfahrten wurde 42 9001 in voller Meßverkabelung vom Fotografen des Versuchsamtes aufgenommen. Auf dem unteren, im Zentralamt entstandenen Bild ist hinten schwach die Bremslok 50 975 zu erkennen.

beobachten. Jeder Bauherr (oder sein Architekt), der sein Haus mit einer eigenen Heizquelle ausstatten will, hat seinen Schornstein so zu bauen, daß der Taupunkt der Abgase nicht unterschritten wird. Anderenfalls muß er nach wenigen Jahren den Handwerker holen, der ihm seine "Schornsteinversottung" beseitigt.

Der Taupunkt ist für verschiedene Brennstoffe unterschiedlich, liegt aber jeweils fest und kann technisch nicht beeinflußt werden (siehe hierzu auch: Dubbel, Taschenbuch für den Maschinenbau, 13. Aufl. 1970, Band I Seite 508, Band II Seite 65, 68). Bei den 42.90 betrugen die Gastemperaturen am Vorwärmerende häufig nur 105°C bei Schwachlast oder rollender Lok und 145°C bei Kesselnennlast, lagen also unter dem Taupunkt für Verbrennungsgase aus Kohle. Bei Niederschlagen der Abgase wurde das aus der verbrannten Kohle stammende, gasförmige Schwefeldioxyd zu H_2SO_3 (Schweflige Säure) oder bei Sauerstoffaufnahme sogar zu H_2SO_4 (Schwefelsäure). Die Säure richtete in den hinteren Rauchkammern und den Schornsteinen starke Zerstörungen an. Bei beiden 42.90 mußten deshalb 1956 bzw. 1958 diese Teile erneuert werden.

Noch schwerwiegender waren allerdings die Probleme durch wasserseitige Korrosion in den Vorwärmern. Diese Korrosion entsteht, wenn der natürlich vorhandene Sauerstoff nicht vollständig aus dem Speisewasser ausgeschieden wird. Allgemein macht der freie Sauerstoff im Speisewasser bei normalen Dampfloks keine Schwierigkeiten, da nach dem Einspeisen in den Langkessel das Wasser ständig bewegt wird. Zusätzlich werden Dosierungsmittel zur Sauerstoffausscheidung ins Tenderwasser gegeben. Nicht so einfach ist es bei den FC-Loks: Das Wasser in den Vorwärmerkesseln wird verhältnismäßig wenig bewegt, zusätzlich ist die Aggressivität der abgesetzten Sauerstoffbläschen bei einer Wassertemperatur von ungefähr 80°C besonders groß. Diese Temperatur findet sich im FC-Kessel besonders im unteren, hinteren Bereich, weil dort das kalte Speisewasser eingespeist wird. Naturgemäß ist dann dort die Korrosion besonders groß. Die Erklärung für die Korrosion ist einfach: Korrosion in wässerigen Lösungen (also auch Speisewasser) entsteht elektrochemisch. Es entstehen Lokalelemente (z.B. bestehend aus Kesselstein oder Gasbläschen), an deren Anoden der Stahl schnell in Lösung geht. Die übrige Oberfläche wirkt als Kathode und wird wenig oder gar nicht angegriffen. Meist bildet sich über der Reaktionsstelle noch eine Schutzschicht aus Schlamm, so daß auch durch gründliches Auswaschen die Reaktionsstelle selbst nicht beschädigt wird. Die Folge ist ein beschleunigter Lochfraß an einzelnen Stellen. Das im Speisewasser vorhandene Salz verstärkt diesen Vorgang noch. Bei einer Versuchsreihe mit 42 9000 im Jahr 1957 entstanden in nur einem Monat Anfressungen von ca. 1 mm Tiefe an den Rohren!

Diese Schäden zeigten sich bei allen FC-Loks der DB. In den Kapiteln über 50 1412 und die Serienbauart wird deshalb auf Versuche, den Lochfraß zu vermindern, weiter eingegangen. Die 42.90 spielte in diesem Zusammenhang keine allzu große Rolle mehr, da schon Ende 1954 das Baumuster einer modernen FC-Kesselbauart mit 50 1412 bereitstand. Bei der 42.90 konnte die Korrosion nie unter Kontrolle gebracht werden. Die Loks wurden deshalb zwar manchmal in die Versuche mit einbezogen, was auch die folgenden Untersuchungslisten zeigen, insgesamt war man aber froh, die Loks 1959 bzw. 1960 abstellen zu können, als die Serien-50.40 ausgeliefert waren. Bezeichnend ist es, daß 42 9000 nur ein Jahr nach ihrer letzten Untersuchung L2 und achtundzwanzig Monate nach ihrer letzten L4-Hauptuntersuchung abgestellt wurde.

Die Ausbesserungskosten der beiden Loks waren außerordentlich hoch. So mußten bei 42 9000 von der Ablieferung bis zum November 1955 folgende Summen aufgewendet werden:

106.960 DM Unterhaltungskosten im AW
 81.126 DM Unterhaltungskosten im Bw
188.086 DM Unterhaltungskosten
bei einer Laufleistung von 378.141 km.

Bei 42 9001 fielen von der Ablieferung bis zum April 1956 folgende Kosten an:

135.803 DM Unterhaltungskosten im AW
 78.105 DM Unterhaltungskosten im Bw
213.908 DM Unterhaltungskosten
bei einer Laufleistung von 369.135 km.

Mit diesen Aufwendungen kamen die beiden Loks auf einen Gesamt-Unterhaltungsaufwand von DM 0,59 pro gefahrenen Kilometer. Das war zwar konkurrenzfähig gegenüber den 0,70 DM, die bei einer Normal-50 pro Kilometer zwischen zwei Hauptuntersuchungen aufgewendet werden mußten, hätten aber allein keinen Umbau rechtfertigen können, da in der Rechnung ja noch die Umbaukosten fehlten, ganz zu schweigen von der recht geringen Kohleersparnis der 42.90.

Zusammenfassend kann die Betriebsgeschichte der Br.42.90 so gewertet werden:
1) Es wurde bewiesen, daß durch das FC-Konzept prinzipiell eine Kohleersparnis gegenüber vergleichbaren Normallokomotiven möglich ist.
2) Die 42.90 erreichte einen Gesamtwirkungsgrad (im mittleren Zugkraftbereich) von immerhin 9,6-9,7%, das heißt nur ein Wirkungsgradprozent weniger als die 50.40. Thermisch war die 42.90 besser als alle anderen bis dahin gebauten DB-Normaldampfloks.
3) Es wurde festgestellt, daß das FC-Konzept bei der 42.90 nur teilweise richtig angewendet worden war, was mit stark erhöhten Werkstattkosten bezahlt werden mußte.
4) Nach den Erfahrungen mit der 42.90 war es möglich, eine neuzeitliche FC-Lok zu konstruieren, die dann eine erstaunliche, fast sensationelle Kohlenersparnis brachte.
5) Die hohen Werkstattkosten und der Charakter als reine Versuchslok bedingten die frühzeitige Ausmusterung.

42 9000 (Bw Bingerbrück) befördert einen Güterzug durch Boppard, 1953. Sie hat schon die veränderte Führerhausbelüftung, das Rauchleitblech fehlt auch schon. Das Nummernschild sitzt jetzt unterhalb des Handgriffes auf der Rauchkammertür — schon ein Hinweis auf das geplante Dreilicht-Spitzensignal. An den beiden Seitenschornsteinen sind kleine Windleitbleche angebracht. Foto: Carl Bellingrodt (+).

42 9001 mit einem Güterzug unterhalb von Rhens auf der rechten Rheinstrecke, Sommer 1955. Auch 42 9001 hatte damals schon die veränderte Führerhausbelüftung und die kleinen Rauchleitbleche an den Schornsteinen. Trotzdem liegt der Abdampf auf der Lok auf. Foto: Carl Bellingrodt (+).

Treffen im Bw Gremberg: Am 9.5.59 begegneten sich dort die frisch vom Bw Kirchweyhe nach Oberlahnstein umbeheimatete 50 4022 und die am Ende ihrer Laufbahn stehende Oberlahnsteiner 42 9001. 50 4022, erst drei Monate vorher abgenommen, hat noch den kleinen Mischvorwärmerkasten. 42 9001 wurde inzwischen gegenüber der Ursprungsbauart einigen weiteren Änderungen unterzogen: Sie hat nun Reflektorscheinwerfer, größere Windleitbleche an den Schloten, Schienenräumer der Normalbauart, ein zweites Führerstandsfenster und die zweistufige Luftpumpe Bauart Tolkien.

Rechts: Zweimal der 52-Kessel. Das zur gleichen Stunde wie die beiden Bilder dieser Seite aufgenommene Foto zeigt links die erheblich höhere Kessellage der 42.90 gegenüber der 50. Beide Loks haben Wannentender. 50 1857 hat sogar noch den Original-52-Schornstein. Alle drei Fotos: Hans Schmidt.

42 9001 präsentiert sich kurz nach der Umbeheimatung nach Bingerbrück für das "Standard-Foto" Carl Bellingrodts, aufgenommen 1952 in Bingerbrück.

Bei den 42.90 mußten die Vorwärmerrohre je sechsmal vollständig gewechselt werden, weil zu viele Rohre durchgefressen waren. Die zusätzlich durchgeführten Arbeiten, die in Zusammenhang mit den Korrosionsschäden stehen, sind ebenfalls aufgezählt.

42 9000

Am	4. 7.52	nach	84.531 km	Laufleistung bei	L 2	1. Wechsel des Rohrsatzes
"	19. 1.53	"	74.000 km	"	L 3	2. "
"	5.10.53	"	54.000 km	"	L 2	3. "
"	31. 1.55	"	84.000 km	"	L 3	4. "
"	15.11.56	"	82.000 km	"	L 4	5. "
"	10. 4.58	"	99.000 km	"	L 2	6. "

Außerdem wurden bei 1. die Rohrwände und Befestigungsschrauben der Vorwärmer gewechselt. Bei 4. wurden die Druckringe erneuert und verstärkt. Bei 5. wurden beide Vorwärmermäntel, die hintere Rauchkammer und beide Schornsteine erneuert. Außerdem wurde eine besondere Enthärteeinrichtung mit automatischer Nalco-As und Bs-Kugeldosierung (Mittel zur Reinigung von Kessel und Vorwärmer, scheiden Sauerstoff aus dem Speisewasser aus) eingebaut. Vor der Ausbesserung 5. war die Lok seit November 1955 im AW Schwerte abgestellt. Zunächst war geplant, sie wegen der schweren Schäden an den Vorwärmkesseln mit einer komplett neuen Kesselanlage nach Muster der 50 1412 (Neubaukessel + ein Vorwärmer) auszurüsten.

42 9001

Am	29. 9.52	nach	122.528 km	Laufleistung bei	L 2	1. Wechsel des Rohrsatzes
"	20. 5.53	"	46.253 km	"	L 0	2. "
"	27. 1.55	"	89.201 km	"	L 3	3. "
"	11.12.56	"	144.181 km	"	L 2	4. "
"	27. 4.58	"	68.246 km	"	L 2	5. "
"	25. 1.59	"	59.119 km	"	L 0	6. "

Bei 5. wurden die beiden Vorwärmermäntel, die hintere Rauchkammer und beide Schornsteine erneuert. Der rechte Vorwärmermantel wurde aus Chromstahl 4713 gefertigt. Bei 6. wurden Chromstahlrohre eingebaut (siehe hierzu auch unter "Die 50.40-Serie, Bewährung"). Bei den Rohrwechseln entstanden neben den Stoffkosten von je DM 2500 auch Lohnkosten von DM 700 pro Wechsel. Alle Wechsel des kompletten Rohrsatzes wurden im AW Schwerte durchgeführt.

50 1412

Warum ein Umbau der Br. 50?

Der Einsatz der 42.90 hatte bewiesen, daß durch FC-Vorwärmer eine erhebliche Kohleersparnis möglich war. Deshalb ordnete 1953 die Hauptverwaltung der DB die Neukonstruktion eines Kessels mit FC-Vorwärmer nach den aus der 42.90 gewonnenen Erfahrungen an. Dieser neu konstruierte Kessel sollte in eine Lok der Br. 50 eingebaut werden. Die Br. 50 wurde als Umbauobjekt gewählt, weil ohnehin an einen Ersatz der nicht alterungsbeständigen 50-Kessel aus St 47 K gedacht werden mußte. Der neue FC-Kessel sollte erste Erfahrungen bringen, ob in Zukunft an die Beschaffung eines modifizierten 23-Kessels mit verlängerter Rauchkammer oder eines FC-Kessels gedacht werden sollte.

Für den neuen Kessel wurden folgende Forderungen aufgestellt:

1. Der Hauptkessel sollte ein Neubaukessel nach den neuen Baugrundsätzen sein, d.h. er sollte vollständig geschweißt sein, einen großen Anteil hochwertiger Strahlungsheizfläche haben und mit einer Verbrennungskammer ausgerüstet sein.
2. Die Heizfläche sollte gegenüber der 42.90 reduziert werden, da die 42.90 im Schwachlastbereich unwirtschaftlich arbeitete. Dieses wurde durch die übergroßen Heizflächen verursacht, die bei schwacher Lok-Leistung den Rauchgasen so viel Wärme entzogen, daß das Speisewasser nur noch wenig vorgewärmt wurde. Die Heizflächenreduzierung sollte auch eine höhere Temperatur der Rauchgase im Vorwärmer bringen. Hierdurch sollte die Gefahr von Taupunktunterschreitungen und damit rauchgasseitigen Korrosionen vermieden werden.
3. Die verkleinerte Hauptkessel-Heizfläche sollte einen Kessel mit kleinerem Durchmesser ermöglichen. Damit sollte die Sicht der Lokpersonale nach vorn verbessert werden. Der Schlot des Abwärmers sollte auf der Heizerseite untergebracht werden.
4. Die Heizfläche des Vorwärmers sollte nach den neuesten Erfahrungen der Italienischen Staatsbahn in einem Abhitzekessel untergebracht werden. Die gesamte FC-Kesselanlage sollte so klein dimensioniert sein, daß das Eigengewicht der Lok nicht größer würde als das der Ursprungslok.
5. Dem Abgasvorwärmer sollte ein Abdampfvorwärmer herkömmlicher Bauart (Knorr) vorgeschaltet werden, damit Warmwasser von ca. 90°C in den FC-Vorwärmer eingespeist werden könnte. Dadurch sollte eine Reduzierung des Sauerstoffs im Speisewasser erreicht werden. Die wasserseitige Korrosion im Vorwärmerkessel sollte hierdurch vermieden werden. Außerdem sollte die Speisung von Warmwasser die beim Kaltspeisen auftretenden, schädlichen Wärmespannungen vermeiden.
6. Der Tender der Lok sollte mit beweglichen Abdeckklappen versehen werden, um das Eindringen von Rauchgasen in den Führerstand zu verhindern.
7. Der Zylinderabdampf sollte nicht mehr durch den Vorwärmermantel geleitet werden und diesen beheizen. Bei der 42.90 war hierdurch ein zu großer Gegendruck in den Zylindern erzeugt worden.

Der Kessel wurde unter Federführung von Abteilungspräsident Witte vom Bundesbahnzentralamt Minden in Zusammenarbeit mit der Firma Henschel entwickelt. Friedrich Witte hatte also in den vergangenen drei Jahren seine Vorbehalte gegen den FC-Kessel soweit abgebaut, daß er im FC-Kessel eine denkbare Alternative zum üblichen DB-Neubaukessel sah.

Sämtliche, in der Vorgabe genannten Forderungen konnten beim Entwurf erfüllt werden. Der Umbau der ausgewählten 50 1412 (WLF Floridsdorf 9213/41) wurde ab Frühjahr 1954 durch die Firma Henschel durchgeführt. Am 12.11.54 wurde die Lok im AW Göttingen abgenommen. Danach wurde sie zunächst dem Versuchsamt Minden zur Verfügung gestellt. Im Anschluß begann der Betriebsversuch im Regeleinsatz zusammen mit den 42.90 beim Bw Bingerbrück.

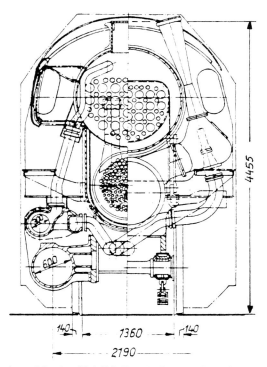

Vorderansicht der 50 1412. Durch die neue Kesselbauart waren die Sichtverhältnisse nach vorn wesentlich besser geworden.

Beschreibung der l'Eh2-Güterzuglokomotive 50 1412 mit Franco-Crosti-Abgasvorwärmer (DV 930.86)

Die Lok 50 1412 mit Franco-Crosti-Abgasvorwärmer ist in Anlehnung an die Lok Br. 42.90 für eine Dampferzeugung von 10 t/h — die Nennleistung der Lokomotiven Br. 50 — bei gleichzeitiger Verkleinerung deren Rostfläche entwickelt. Sie unterscheidet sich von der normalen Lokomotive durch den Kessel, den Abgasvorwärmer, die geänderte Steuerung und die Tenderabdeckung. Die folgende Beschreibung beschränkt sich daher auf die Bauartabweichungen gegenüber der normalen Lokomotive Br. 50.

Der Kessel

Der Kessel ist aus St 34 (Kesselblechgüte) gefertigt und vollständig geschweißt. Er ist nach den neuen Baugrundsätzen der Einheitslokomotiven 1950 der Deutschen Bundesbahn entwickelt.

Der Stehkessel hat eine Feuerbüchse mit Verbrennungskammer. Die Feuerbüchse aus IZ II-Stahl ist über den gepreßten U-förmigen Bodenring und den gekümpelten Feuerlochring mit dem Stehkessel verbunden.

Der Langkessel besteht aus drei Kesselschüssen, von denen der mittlere kegelig ist. In dem Oberteil des mittleren Kesselschusses ist der aus 40 mm dickem Blech gepreßte Domfuß eingeschweißt.

Die Rauchkammerrohrwand ist als ebene Platte in einen Sonderprofilring (Klöcknerprofil W 53/15a) eingeschweißt.

Der Kessel hat 24 Rauchrohre 152 x 4,25 mm und 39 Heizrohre 60 x 3 mm. Die Heiz- und Rauchrohre sind in die Rauchkammerrohrwand eingewalzt, in der Feuerbüchsrohrwand nur angewalzt und verschweißt.

Sämtliche Stehbolzen und Deckenstehbolzen sind mit Spiel eingeschweißt. In den Randzonen und im Bereich der Verbrennungskammer sind bewegliche Stehbolzen mit Ausgleichring angeordnet.

Die Rauchkammer 1 ist mit dem Langkessel verschweißt und trägt mit ihrem unteren Teil die Rauchkammer 2 zum Abgasvorwärmer. Die Rauchgase werden durch zwei hoch angesetzte Umlenkkanäle von der Rauchkammer 1 in die Rauchkammer 2 umgeleitet, damit Flugasche nicht mit in den Vorwärmer gerissen wird.

Der Abgasvorwärmer

Der Abgasvorwärmer ist unter dem Langkessel angeordnet. Er besteht aus einem Kessel mit einem äußeren Durchmesser von 960 mm, der über einen angeschweißten Winkelring an die Rauchkammer 2 geschraubt ist. Am hinteren Ende schließt sich die Rauchkammer 3 mit dem Abgaskanal an. Der vordere Teil des Abgasvorwärmerkessels ragt etwa 1 m in die Rauchkammer 2 hinein. In dem zylindrischen Kessel befindet sich ein Rohrbündel, das vorn und hinten über Druckringe mit den Kesselflanschringen verbunden ist. Die Rohrwände sind mit Cu-Asbest-Fülldichtringen abgedichtet.

Das Vorwärmerrohrbündel hat 163 Heizrohre 44,5 x 2,5 mm von 4.600 mm Länge. Die Heizrohre sind in die Vorderwand eingewalzt, in die Hinterwand eingewalzt und gebördelt. Die Rohrwanddicken betragen vorn 35 und hinten 40 mm. Zum Ausbauen des Rohrbündels sind besondere Haken an der Rohrwand angeordnet. Um den Ausbau zu erleichtern, sind die Dichtungsflächen der Rohrwände in kegelige Eindrehungen der Flanschringe gelegt. Die für den Ein- und Ausbau des Rohrbündels an der hinteren Rohrwand angebrachten Stützfüße haben Kupfergleitplatten.

Das Auswechseln einzelner Rohre ist durch die Vergrößerung des Heizrohrendes auf 48 mm erleichtert. Zur Reinigung des Vorwärmers sind im hinteren Teil seitlich oben je eine und unten eine große Waschluke sowie an der vorderen Rohrwand oben und unten je ein Auswaschstutzen mit Gewinde Sg 56 x 3,75 vorgesehen. Damit ist eine Möglichkeit geschaffen, das normale Auswaschgerät anzuschließen. Ferner ist an der tiefsten Stelle des Abgasvorwärmerkessels

Ursprünglicher Vorwärmer der 50 1412. Die Klauen zum Ausziehen des ganzen Rohrsatzes sitzen links und rechts oben an den Rohrwänden. Später wurden die Rohrwände fest eingeschweißt.

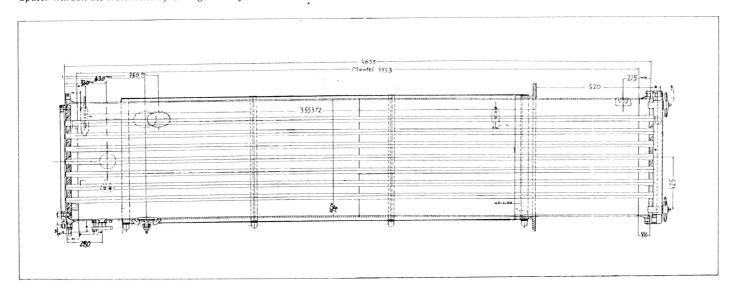

Beim Bau der 50 1412 entstanden die Fotos dieser Seite: Links oben die Rauchkammer des Vorwärmerkessels. In der Mitte der zum Einbau fertiggestellte Vorwärmer. Vorn sind die Befestigungsschrauben des mit den Rohrwänden ausziehbaren Rohrsatzes zu erkennen.

Das obere Bild entstand während der Endmontage der Maschine. Der Vorwärmer ist bereits zusammen mit dem Hauptkessel auf den Rahmen aufgebaut. Zunächst sollten die Lampen der Lok an gewohnter Stelle verbleiben, darauf deuten die Lampenträger auf der Pufferbohle hin.

Vor der ersten Probefahrt am 25.10.54 entstand das Foto der fertiggestellten, aber erst teilweise lackierten 50 1412 im Werkshof der Fa. Henschel. Der Tender war der erste mit Kohlekastenabdeckung Bauart DB. Alle Fotos: Henschel, Sammlung Jürgen Ebel.

(Foto spiegelverkehrt)

ein mit Luft betätigtes Gestra-Abschlammventil vorgesehen. Der Vorwärmerkessel ist mit Pendelblechen am Langkessel befestigt und stützt sich am hinteren Kesselflansch gleitend auf dem Rahmen ab.

Bekleidung und Isolierung

Der gesamte Kessel einschließlich Rauchkammer 1 und 2 sowie der freiliegende Teil des Abgasvorwärmers haben eine Blechbekleidung und sind durch Wärmeschutzmatratzen aus Steinwolle in Glasgewebeumhüllung gegen Wärmeverluste isoliert. Zwischen Schutzblech und Kümpelblech der vorderen Raumkammertüren sind ebenfalls Wärmeschutzmatten aus Steinwolle vorhanden.

Die Saugzuganlage

Die Hauptabmessungen der vier Düsen-Saugzuganlagen sind der Kesselleistung von 10 t/h angepaßt. Um den Gegendruck im Zylinder möglichst klein zu halten, wurde bei der Verlegung der Ausströmrohrleitung auf schlanke Rohrführung geachtet.

Die Heizgase werden in der vorderen Rauchkammer 1 über zwei herausnehmbare Einsätze in die Rauchkammer 2 zum Abgasvorwärmer gelenkt und gelangen durch die Heizrohre in die hintere Rauchkammer 3. Von dort werden sie durch einen Verbindungskanal in den Mischkasten geleitet, in dessen Mitte das Standrohr mit vier Blasrohrdüsen von 60 mm Durchmesser sowie das Hilfsbläserrohr untergebracht sind.

Auf dem Mischkasten ist der Schornstein angeflanscht. Schornstein und Rauchkammer 3 sind aus Chromstahlblech gefertigt, um Korrosionen vorzubeugen. Um das Auswerfen von Kondenswasser aus dem Schornstein möglichst zu vermeiden, ist im tiefsten Punkt des hinteren Ausströmrohres zwischen dem Rahmen eine Entwässerungsbohrung vorgesehen. Auf dem Führerhausdach wurde ein Lenkblech für Rauchgase angeordnet. Es soll das Einsaugen von Rauchgasen in das Führerhaus verhindern.

Die Kesselausrüstung

Außer der normalen Kesselausrüstung wie:
ein Dampfabsperrventil (vor dem Führerhaus)
zwei Dampfentnahmestutzen
    einer mit Dampfventil zur Strahlpumpe
                    Dampfventil zur Dampfheizung
                    Dampfventil zum Rußbläser
    einer mit Dampfventil zur Lichtmaschine
                    Dampfventil zur Speisepumpe
                    Dampfventil zum Hilfsbläser
zwei Dampfabsperrventile am Dom
ein Dampfventil zur Luftpumpe
zwei Kesselspeiseventile 50 mit Lenkfederventileinsatz Knorr
eine Dampfpfeife mit Absperrventil auf dem Kesselscheitel
ein Gestra-Abschlammventil
zwei Selbstschluß-Wasserstandanzeiger (LON), deren untere Gehäuse auf Zwischenflanschen sitzen, die eine

Der Kessel ist ferner mit einer einfachen, nach innen aufschlagenden Feuertür und normalem Rost ausgerüstet. Alle Roststäbe entsprechen der Norm.

Zum Reinigen des Kessels sind 36 Waschluken vorgesehen. Im Dom ist ein Ventilregler 200 ⌀ Bauart Wagner, d.h. ein Naßdampfregler der Standardbauart, untergebracht. Ein Schaumblech im Dom soll das Wasserüberreißen vermindern.

Die Kesselspeisung

Für die Kesselspeisung stehen eine saugende Dampfstrahlpumpe 250 l/min und eine Kolbenspeisepumpe KT 1-250 l/min zur Verfügung.

Dem Rauchgasvorwärmer ist zusätzlich ein normaler Oberflächenvorwärmer Knorr vorgeschaltet.

Mit der Kolbenspeisepumpe wird über Oberflächenvorwärmer und Abgasvorwärmer in den Kessel gespeist, mit der Strahlpumpe wird nur über den Abgasvorwärmer in den Kessel gespeist. Somit wird jederzeit Warmwasser gespeist.

Für eine direkte Speisung – d.h. unter Umgehung des Abgasvorwärmers – ist in der Strahlpumpendruckleitung ein plombierter Umschalthahn vorhanden, der vom Laufblech aus erreicht werden kann. Der Hahn soll im Notfall umgestellt werden, falls am Abgasvorwärmer Wasserverluste oder an den Speiseventilen Störungen auftreten.

Da der Abgasvorwärmer unter Kesseldruck steht, kann die Vorwärmung des Speisewassers bis dicht an den durch den Druck gegebenen Siedepunkt getrieben werden, also weit über 100°C. Falls beim Festsetzen der Kesselspeiseventile zwischen Abgasvorwärmer und Kessel durch Verdampfung im Abgasvorwärmer der vorhandene Druck überschritten wird, sprechen in der Druckleitung zwischen Abgasvorwärmer und Kesselspeiseventil zwei Sicherheitsventile an, die den Abgasvorwärmer vor Überdruck sichern.

Der Kessel wird normalerweise mit der Kolbenspeisepumpe gespeist, die das Speisewasser über das am Abgasvorwärmer seitlich angeordnete Kesselspeiseventil in den Vorwärmerkessel drückt. Das Speisewasser tritt am hinteren Ende des Vorwärmers ein und vorn aus, während die Rauchgase die Heizrohre von vorn nach hinten durchströmen, so daß der Vorwärmer nach dem Gegenstromprinzip arbeitet.

Das Fahrgestell

Die Anordnung des Abgasvorwärmers auf Fahrzeugmitte machte es erforderlich, die Zylinderverbindung, Gleitbahn und Steuerungsträgerbleche und sämtliche Laufblechträger entsprechend zu ändern. Die bisher üblichen Pendelbleche sind durch zwei Pendelstützen ersetzt. Der Kessel ist hinten unter dem Bodenring über Gleitschuhe abgestützt und vorn durch die Rauchkammerträger mit dem Rahmen verbunden. Das bisher übliche Schlingerstück am hinteren Bodenringstück ist durch ein Pendelblech ersetzt. Das hintere Laufblech wurde dem etwa 150 mm höher gelegten Kessel angepaßt. Wegen der Zugänglichkeit beider Rauchkammern mußten die vorderen Teile des Laufbleches völlig neu ausgebildet werden.

Der 2'2'T26 der 50 4001, aufgenommen im Bw Hamm am 23.4.66. Foto: Steinhoff.

Reinigungsöffnung von 100 ∅ freigeben
ein Druckmesserhahn mit Kesseldruckmesser
erhält die Lok eine mit Druckluft betätigte Rußbläsereinrichtung "Gärtner".

Zur Rußbläsereinrichtung gehören
ein Düsenkopf mit Dampfverteiler
ein Schnellschlußdampfventil "Gestra"
ein Druckknopfventil 3/8 "Knorr".

Ferner ist eine mit Druckluft betätigte Schornsteinabschlußklappe vorhanden, die beim Anfeuern des Kessels geöffnet wird. Die Klappe kann auch von Hand betätigt werden.

Die Steuerung

Die Steuerwelle mußte wegen dem auf Mitte Rahmen liegenden Abgasvorwärmer tiefer gelegt werden. Durch Einschalten einer Zwischenwelle je Seite war es möglich, alle Steuerungsgestänge vom Hängeeisen ab unverändert zu übernehmen. Der durch den Einbau des neuen Kessels und Verlegung der Steuerwelle bedingte Mittenversatz der beiden Steuerstangenenden ist durch ein Pendelhebel am Langkessel ausgeglichen worden.

Die Radreifenschmierung

Der Laufradsatz und der erste Kuppelradsatz haben eine Radreifenschmiereinrichtung Bauart "Woerner" erhalten. Die Schmierpressen sowie Luftfilter sind an dem linken Träger zwischen Zylinder und Gleitbahnträger befestigt. Die Fettpresse wird von der Schwinge über eine Verbingungsstange angetrieben. Zu der Einrichtung gehören noch vier Fettspritzdüsen, die auf besonderen Trägern an dem Laufachslagergehäuse und am Rahmen befestigt sind.

Der Tender

Um das Einsaugen von Rauchgasen in den Führerstand während der Fahrt zu vermeiden, andererseits das Verschmutzen des Zuges durch Kohlenstaub und Spritzwasser so weit als möglich auszuschalten, ist der Tender mit einer Kohlenkasten-Abdeckung ausgerüstet. Die Abdeckung besteht aus zwei seitlich klappenden Deckblechen, die den Kohlenkastenraum auf seiner ganzen Länge abdecken. Die Klappen werden durch je einen Langhubzylinder "Westinghouse", der in einem Rohr rechts und links im Wasserkasten untergebracht ist, geöffnet oder geschlossen.

Die Klappen sind hinten in einem Zylinderrollenlager und vorn in einem Pendelrollenlager gelagert und stützen sich in der Längsrichtung gegen Stützrollen, die auf den Stirnwänden abrollen, ab. In geschlossener Stellung werden die Klappen durch einen Gewichtshebel verriegelt.

Um Unfälle zu vermeiden, werden die Klappen vorerst von der Kohlenkastenrückwand aus entriegelt und durch einen Umschalthahn mit Druckluft betätigt. Für das Befestigen des Kohlenkastens während des Kohlenentnehmens sind rechts und links entsprechende Fußtritte vorgesehen. Es sind ferner Handstangen an den Klappen vorhanden, die beim Begehen des Tenders benutzt werden können. Der Laufblechaufbau wurde dem höhergelegten Bodenbelag entsprechend mit nach oben verlegt.

Die Hauptabmessungen der 1'Eh2-Güterzuglokomotive 50 1412, Betriebsgattung G 56. 15, mit Franco-Crosti-Abgasvorwärmer

A. Grunddaten der Lokomotive
1. Höchstleistung am Zughaken — 1300 PSe
2. Größte Geschwindigkeit vorwärts und rückwärts — 80 km/h
3. Spurweite — 1435 mm
4. Länge über Puffer (ohne Tender) — 13680 mm
5. Reibungsgewicht — 78380 kg
6. Leergewicht — 80370 kg
7. Dienstgewicht — 90350 kg
8. Metergewicht (ohne Tender) — 6,60 t/m

B. Kessel — *Grunddaten*
1. Bauart: Vollständig geschweißt. Feuerbüchse mit Verbrennungskammer, ebene Decke, Bodenring breit über dem Rahmen.
2. Dampfüberdruck — 16 kg/cm^2
3. Wasserinhalt bei einem niedrigsten Wasserstand 150 mm über Feuerbüchse — 7,52 m^3
4. Dampfraum bei einem Wasserstand von 150 mm über Feuerbüchse — 2,4 m^3
5. Verdampfungsoberfläche — 9,66 m^2
6. Heizflächenbelastung — 103,5/53 kg/m^{2}h
7. Kesselkennziffer (Rauchr.) — 1/379
8. Kesselkennziffer (Heizr.) — 1/348
9. Kesselleergew. ohne Ausrüstung — 15590 kg
10. Kesselleergew. mit Ausrüstung — 19400 kg
11. Kesselmitte über Schienenoberkante Feuerbüchse/Langkessel — 3240/3300 mm
12. Auslaßquerschnitt des Sicherheitsventils — 2 x 24,76 cm^2
13. Rostfläche — 3,05 m^2 — Rost
14. Rostlänge — 2,54 m
15. Rostbreite — 1,2 m
16. Rostneigung nach vorn — 1:7,673
17. Freie Rostfläche in Hundertteilen von Rostfläche — 43 v.H.
18. Obere Länge licht einschl. Verbrennungskammer — 3175 mm — Feuerbüchse
19. Untere Länge licht — 2540 mm
20. Höhe über Rost vorn — 1944 mm
21. Höhe über Rost hinten — 1514 mm
22. Deckenneigung nach hinten — 1:53,35
23. Größter Innendurchmesser hinten/vorn — 1570/1452 mm — Langkessel
24. Entfernung zwischen den Rohrwänden — 4700 mm
25. Durchmesser der Heizrohre 39 Stück — 60 x 3 mm

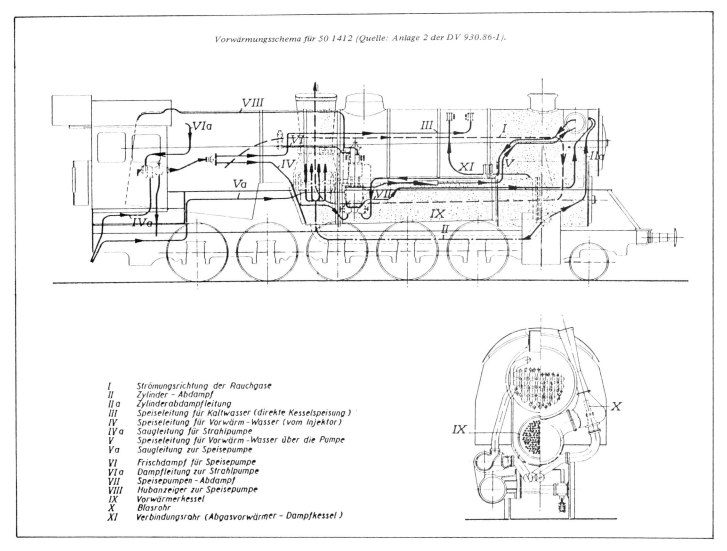

Vorwärmungsschema für 50 1412 (Quelle: Anlage 2 der DV 930.86-1).

I	Strömungsrichtung der Rauchgase
II	Zylinder - Abdampf
IIa	Zylinderabdampfleitung
III	Speiseleitung für Kaltwasser (direkte Kesselspeisung)
IV	Speiseleitung für Vorwärm-Wasser (vom Injektor)
IVa	Saugleitung für Strahlpumpe
V	Speiseleitung für Vorwärm-Wasser über die Pumpe
Va	Saugleitung zur Speisepumpe
VI	Frischdampf für Speisepumpe
VIa	Dampfleitung zur Strahlpumpe
VII	Speisepumpen-Abdampf
VIII	Hubanzeiger zur Speisepumpe
IX	Vorwärmerkessel
X	Blasrohr
XI	Verbindungsrohr (Abgasvorwärmer - Dampfkessel)

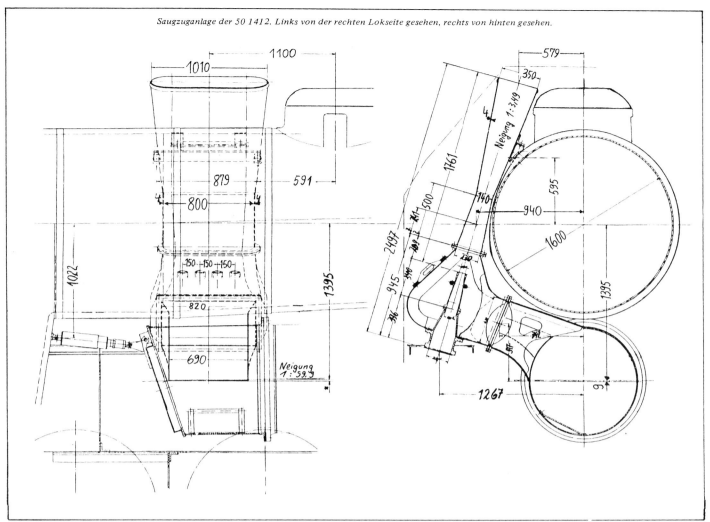

Saugzuganlage der 50 1412. Links von der rechten Lokseite gesehen, rechts von hinten gesehen.

26.	Durchmesser der Rauchrohre 24 Stück	152 x 4,25 mm	
27.	Überhitzer: Mit einmal eintauchenden Elementen		Überhitzer
28.	Durchmesser der Überhitzerrohre 24 Elemente	40 x 4 mm	
29.	Dampfquerschnitt des Überhitzers	193 cm²	
30.	Dampfgeschwindigkeit im Überhitzer (Heizflächenbelastung 60 kg/m²h) bei 10 t Dampf mit 400°C	17,2 m/s beim Eintritt 26,2 m/s beim Austritt	
31.	Mittlerer Gasquerschnitt in einem Rauchrohr	113 cm²	
32.	Mittlerer Gasquerschnitt in einem Heizrohr	22,9 cm²	
33.	Gesamter mittlerer Gasquerschnitt aller Rohre	0,361 m²	
34.	Blasrohrdurchmesser	4 x 60 mm	Saugzuganlage
35.	Schornsteinquerschnitt an der engsten Stelle	140 x 800 mm	
36.	Schornsteinquerschnitt an der weitesten Stelle	350 x 1010 mm	
37.	Blasrohroberkante bis Schornsteinoberkante	1761 mm	
38.	Schornsteinhöhe (vom engsten zum weitesten Querschnitt)	1050 mm	
39.	Schornsteinoberkante über Schienenoberkante	4551 mm	
40.	Gesamtheizfläche	151,35 m²	
41.	Heizfläche der Feuerbüchse	17,3 m²	
42.	Heizfläche der Rohre	81,95 m²	
43.	Heizfläche der Rauchrohre	50,85 m²	
44.	Heizfläche eines Rauchrohres	2,12 m²	
45.	Heizfläche der Heizrohre	31,1 m²	
46.	Heizfläche eines Heizrohres	0,8 m²	
47.	Verdampfungsheizfläche	99,25 m²	
48.	Überhitzerheizfläche	52,1 m²	
49.	Heizfläche des einzelnen Elementes	2,17 m²	
50.	Heizfläche des Oberflächenvorwärmers	10,45 m²	
51.	Gasquerschnitt: Rostfläche	0,117	Verhältniszahlen
52.	Verdampfungsheizfläche: Rostfläche	32	
53.	Rohrheizfläche: Feuerbüchsheizfläche	1:4,65	
54.	Überhitzerheizfläche: Verdampfungsheizfläche	0,533	

C. Abgasvorwärmerkessel

1.	Bauart: Vollständig geschweißt. Mit Rohrbündel.	
2.	Dampfüberdruck	16 kg/cm²
3.	Wasserinhalt	1,93 m³
4.	Leergewicht ohne Ausrüstung und Rauchkammer	4130 kg
5.	Leergewicht mit Ausrüstung ohne Rauchkammer	4300 kg
6.	Rohrdurchmesser der Heizrohre 163 Stück	44,5 x 2,5 mm
7.	Entfernung zwischen den Rohrwänden	4600 mm
8.	Gesamtheizfläche gasberührt	93 m²
9.	Rohrkennziffer	1/465
10.	Gasquerschnitt gesamt	2000 cm²
11.	Gasquerschnitt eines Rohres	12,25 cm²
12.	Gasberührte Heizfläche des Vorwärmers zur Verdampfungsheizfläche des Kessels	0,953

Lastschema der Lokomotive BR 50 mit Franco-Crosti-Abgasvorwärmer

Betriebs-Nr.: 50 1412
Fabrik-Nr.: 28 774

						Gesamtgewicht:
Rechn. Leergewicht:						
13 050	13 120	14 470	14 360	14 350	11 020	80 370
Rechn. Dienstgewicht:						
15 880	15 930	15 480	15 560	15 530	11 970	90 350
Gewogenes Dienstgewicht:						
rechts: 7 900	7 830	7 535	7 760	7 615	5 765	
links: 7 885	7 880	7 845	7 970	7 850	5 870	
gesamt: 15 785	15 710	15 380	15 730	15 465	11 635	89 705

---

13. Freier Querschnitt der Sicherheitsventile   2 x 10,1 = 20,2 cm^2

D. **Laufwerk**
1. Achsanordnung: 1'E mit Kraußgestell, Antrieb auf den 3. Kuppelradsatz   *Grunddaten*
2. Mittenentfernung der Tragfedern   1010 mm
3. Fester Achsstand   3300 mm
4. Ganzer Achsstand   9200 mm
5. Bauart des Laufgestells: Kraußgestell mit 71 mm Seitenverschiebung am Mittelzapfen, vorn 125 mm, hinten 25 mm Ausschlag
6. Bauart des Rahmens: Durchlaufender Barrenrahmen   *Rahmen*
7. Wangenstärke   80 mm
8. Mittenentfernung der Rahmenwangen   1010 mm
9. Treib- und Kuppelraddurchmesser   1400 mm   *Raddurchmesser*
10. Drehzahl bei 80 km/h:
    bei neuen Reifen   303 U/min
    bei abgenutzten Reifen   326 U/min
11. Laufraddurchmesser   850 mm
12. Kuppelachsfederlänge   1000 mm   *Tragfedern*
13. Laufachsfederlänge   1000 mm
14. Querschnittabmessung eines Federblattes   120 x 16 mm

E. **Triebwerk**
1. Anordnung: Einfache Dampfdehnung. Antrieb des 3. Kuppelradsatzes
2. Lage der Zylinder: außen, 30 mm über der Kuppelradsatzmitte   *Zylinder*
3. Zahl der Zylinder   2 Stück
4. Zylinderdurchmesser   600 mm
5. Schädliche Räume:
    Vorn   9,9 v.H.
    Hinten   8,8 v.H.
6. Abstand der Kolben von den Zylinderdeckeln in den Totlagen
    Vorn   16 mm
    Hinten   12 mm
7. Kolbenhub   660 mm   *Kolben*
8. Mittlere Kolbengeschwindigkeit:
    Bei neuen Reifen   6,67 m/sec
    Bei abgenutzten Reifen   7,17 m/sec
9. Hubvolumen   2 x 181,3 l
10. Treibstangenlänge   3175 mm   *Treib- und Kolbenstangen*
11. Kolbenstangendurchmesser:
    Vorn   100 mm
    Hinten   100 mm
12. Kurbelhalbmesser:
    Treibstangenlänge   1/10,4   *Verhältniszahl*
13. 1. Zugkraftkennziffer   1697 cm^2
14. 2. Zugkraftkennziffer   22,6 cm^2/t
15. Zugkraft   13550 kg
16. Reibungsgewicht: Maschinenzugkraft   5,78
17. Reibungsausnutzung (Reibungsziffer)   0,173
18. Zylinderinhalt: Kesselheizfläche   2,39 l/m^2
19. Zylinderinhalt: Rostfläche   118,5 l/m^2
20. Zugkraft: Verdampfungsheizfläche   136,5 kg/m^2

F. **Steuerung**
1. Bauart der Steuerung: Heusinger-Steuerung mit Hängeeisen
2. Durchmesser der Kolbenschieber   300 mm
3. Größte Füllung   etwa 81 v.H.
4. Lineares Voröffnen   5 mm
5. Einlaßüberdeckung   38 mm
6. Auslaßüberdeckung   2 mm

G. **Vorräte**
1. Wasser   26 m^3
2. Kohlen   8 t

Erprobung in Minden

Beeindruckend auf den ersten Blick war das harmonische Äußere der Umbaulok. Gegenüber der ungeschlachten, deutlich als Versuchsmaschine zu erkennenden 42.90 war die 50 1412 äußerlich dem Stil der neuen Einheitslokomotiven angeglichen worden. Der schlanke, hochliegende Kessel mit Aluminiumkesselbändern, der glatte Tender mit den Kohleabdeckklappen und der "gut versteckte", von der Seite fast nicht sichtbare Abgasvorwärmer, machten die Lok zur wohl bestaussehenden Neubaukessel-Lok der DB. Auch gegenüber den späteren Serien-50.40 hatte sie einen Schönheitsvorsprung, nachdem bei diesen der Mischkasten des MV'57 seine charakteristische Kistenform erhalten hatte.

Doch zurück zur Betriebserprobung. Ab Ende November 1954 wurde die Lok vor dem Meßwagen 1 des Versuchsamtes Minden ausführlich erprobt. Unsere Fotos zeigen die Lok vor ihrem ersten Versuchseinsatz.

Wie im Betriebsprogramm gefordert, entsprach die Umbaulok in der Zugleistung der Normal-50. Auf die damit zusammenhängenden Untersuchungen wird deshalb hier nicht weiter eingegangen. Die aufgrund der Probefahrten festgelegte Leistungstafel ist abgedruckt.

Bemerkenswert war allerdings, mit welcher Leichtigkeit die 50 1412 das Leistungsprogramm ihrer Alt-Schwestern erfüllte. Trotz der um 22% verkleinerten Rostfläche gegenüber der auf schlechte Brennstoffe ausgelegten Serien-50 und trotz der gegenüber dieser um ca. 10% kleineren Verdampfungsheizfläche wurde die Verdampfungsleistung der Serien-50 von 10 t Dampf pro Stunde (10 t/h) erreicht und mit Leichtigkeit um 20% überboten: Bei einer vorgegebenen Kesselbelastung mit 57 kg Dampf pro m² und Stunde (57 kg/m²h) wurde eine Verdampfungsleistung von 12 t/h erreicht. Eine weitere Steigerung wäre möglich gewesen, wurde aber mit Rücksicht auf den Heizer und die bei derartiger Volleistung stark zunehmende Tendenz zum Wasserüberreißen unterlassen. Im Versuchsbetrieb wurde zunächst häufiges Wasserüberreißen beobachtet, was auf einen zu kleinen Dampfraum des Kessels zurückgeführt wurde. Nach Auswechseln des Reglers war dieser Mangel aber behoben. Der Vergleich zur Verdampfungsleistung der wesentlich größeren 01 mit Altbaukessel (Wagner-Langrohrkessel) spricht Bände: Bei gleicher Kesselbelastung erreichte die 01 eine Dampfleistung von 14 t/h, also nur 15% mehr als die kleine FC-50. Eine weitere Argumentation über die allgemeinen Vorteile des Neubaukessels kann hier unterbleiben, da gleiche Untersuchungen allgemein bekannt sind (siehe: Düring, Br. 01-04; Weisbrod/Petznick, Br. 01).

Einzelzahlen über den Kohleverbrauch sind in der Grafik dargestellt, die außerdem noch Vergleichszahlen anderer Vorwärmeversuchsloks liefert.

Auch die Dampfüberhitzung war sehr gut (und wurde später bei der Öl-Lok 50 4011 sogar zu gut ...). Es wurden bei 50 1412 vor dem Schieberkasten Heißdampftemperaturen von 400°C bei Volleistung und von 350°C bei einer Schwachleistung von 3 t Dampf pro Stunde gemessen.

Leistungstafel der 50 1412. Die Zugleistungen entsprachen denen der 50-Serienausführung. (Quelle: DV 939 a der DB)

km/h	20	30	40	50	60	70	80
Steigung	Wagengewicht in t (D-, F- u Eilzug) *)						
0 1:∞	—	—	—	—	—	1290	930
1‰ 1:1000	—	—	—	—	—	975	720
2‰ 1:500	—	—	—	—	1040	775	580
3‰ 1:333	—	—	—	1110	845	635	475
4‰ 1:250	—	—	—	930	710	535	400
5‰ 1:200	—	—	1050	715	605	455	340
6‰ 1:166	—	—	910	685	515	395	295
7‰ 1:140	—	1070	800	605	460	345	255
8‰ 1:125	—	955	710	535	405	305	220
10‰ 1:100	1050	780	575	430	325	240	170
15‰ 1:70	760	555	405	295	215	155	105
20‰ 1:50	515	370	260	180	125	80	—
25‰ 1:40	395	275	185	125	—	—	—

Einheitslokomotive, Baureihe 50 mit Franco-Crosti-Rauchgasvorwärmer

km/h	25	30	35	40	45	50	55	60	65	70	75	80
Steigung	Wagengewicht in t (Personenzug) *)											
0 1:∞	—	—	—	—	—	—	—	—	—	—	985	825
1‰ 1:1000	—	—	—	—	—	—	—	—	900	770	655
2‰ 1:500	—	—	—	—	—	—	—	845	725	625	535
3‰ 1:333	—	—	—	—	—	930	810	695	600	510	440	380
4‰ 1:250	—	—	—	—	900	785	685	590	510	440	380
5‰ 1:200	—	—	—	885	770	675	585	505	435	380	325
6‰ 1:166	—	—	895	770	670	585	510	440	380	330	280
7‰ 1:140	—	—	790	675	590	515	445	385	335	285	245
8‰ 1:125	—	950	815	700	600	525	455	395	340	295	250	215
10‰ 1:100	940	775	665	570	485	420	365	315	270	230	200	165
14‰ 1:70	675	550	470	400	340	290	250	215	180	150	125	100
20‰ 1:50	455	365	310	255	215	180	150	125	100	—	—	—
25‰ 1:40	350	275	225	185	150	125	100	—	—	—	—	—

*) Leistungstafel auf Grund von Versuchsfahrten aufgestellt.

km/h	25	30	35	40	45	50	55	60	65	70	75	80
Steigung	Wagengewicht in t (Eilgüterzug) *)											
0 1:∞	—	—	—	—	2575	2160	1815	1525	1270	1070	900	755
1‰ 1:1000	—	—	—	2245	1890	1610	1370	1170	990	845	715	605
2‰ 1:500	—	2410	2050	1740	1480	1270	1090	940	800	685	590	500
3‰ 1:333	2360	1940	1660	1415	1210	1045	900	780	665	575	495	420
4‰ 1:250	1960	1620	1385	1185	1015	880	760	660	565	490	420	360
5‰ 1:200	1675	1385	1185	1015	870	755	655	570	490	425	365	310
6‰ 1:166	1455	1200	1030	885	760	660	570	495	425	370	315	270
7‰ 1:140	1285	1060	910	780	670	580	505	440	375	325	280	235
8‰ 1:125	1145	945	810	695	595	515	445	390	330	285	245	205
10‰ 1:100	940	770	660	565	480	415	360	310	265	225	195	160
14‰ 1:70	675	550	465	395	335	290	245	210	175	145	120	100
20‰ 1:50	455	370	305	255	215	180	150	120	100	—	—	—
25‰ 1:40	345	275	225	185	150	125	100	—	—	—	—	—

Einheitslokomotive, Baureihe 50

Siehe nebenstehendes Bild

km/h	15	25	30	35	40	45	50	55	60	65	70	75	80
Steigung	Wagengewicht in t (Güterzug) *)												
0 1:∞	—	—	—	—	2410	2000	1670	1390	1150	960	800	670
1‰ 1:1000	—	—	—	2150	—	—	—	—	—	—	—
2‰ 1:500	—	—	2360	1995	1685	1425	1215	1035	885	750	640	540	460
3‰ 1:333	—	2325	1910	1620	1370	1170	1000	860	740	630	540	460	390
4‰ 1:250	—	1940	1595	1360	1160	985	850	730	630	540	460	395	335
5‰ 1:200	1885	1660	1365	1165	995	850	735	630	545	465	400	340	290
6‰ 1:166	1640	1440	1190	1015	865	740	640	555	480	410	355	300	255
7‰ 1:140	1440	1275	1050	895	765	655	565	490	420	360	310	265	225
8‰ 1:125	1290	1140	935	800	685	585	505	435	375	320	275	235	195
10‰ 1:100	1050	930	765	650	555	475	410	350	305	260	220	185	155
14‰ 1:70	760	670	545	465	390	330	285	240	205	170	145	120	100
20‰ 1:50	515	455	365	305	255	210	175	145	120	100	—	—	—
25‰ 1:40	395	345	275	225	185	150	125	100	—	—	—	—	—

*) Leistungstafel auf Grund von Versuchsfahrten aufgestellt.

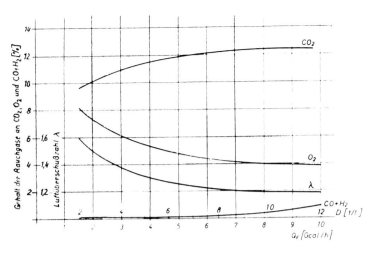

Gehalte der Rauchgase und Luftüberschußzahl.

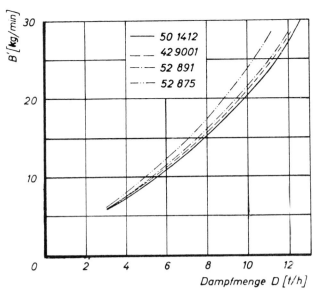

Kohleverbrauch in Abhängigkeit von der Dampfleistung, verglichen mit 52 891 (Heinl-MV), 52 875 (Henschel-MV) und 42 9001. B'(kg/min) = Brennstoffverbrauch in Kilogramm pro Minute. D(t/h) = Dampfmenge in Tonnen pro Stunde.

Zugkraftverlauf-Diagramm der 50 1412 (identisch mit der Normal-50).

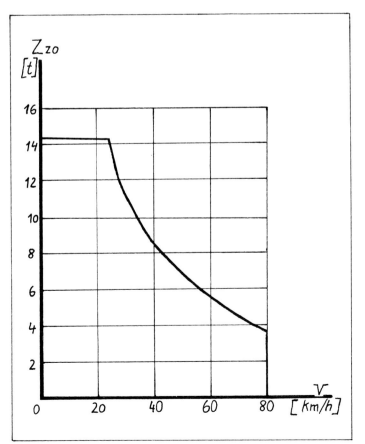

Temperaturen der Rauchgase, des Speisewassers und des überhitzten Dampfes, verglichen mit 42 9001.

t RK I = Temperatur Rauchkammer I (II und III entsprechend)
t ü = Temperatur des überhitzten Dampfes
t sp = Temperatur des Speisewassers
t sp, ov = Temperatur des Speisewassers im Oberflächenvorwärmer
t R = Temperatur der Rauchgase

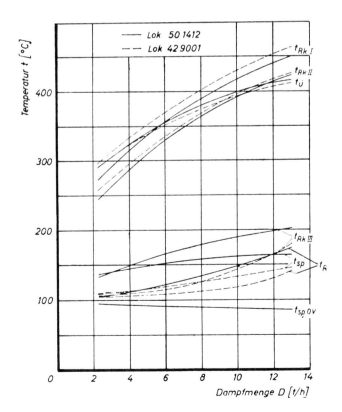

50 1412 stand ab 11.54 dem Lokversuchsamt Minden zur Erprobung zur Verfügung. Dort entstanden die Fotos der Lok vor ihrem ersten Einsatz vor dem Meßwagen 1. An der Maschine sind die verschiedenen Meßapparaturen zu erkennen. Direkt hinter der Lok steht das Verwaltungsgebäude des Versuchsamtes.

Auf den Fotos ist die Lok noch mit alten Zylindern ausgerüstet (später Graugußzylinder mit angegossenen Ausströmkästen). Auch der Aufstieg zur Rauchkammer wurde später verändert und mit zusätzlichen starken Trägern befestigt. Lok-Nummer und Eigentümerkennzeichen sind auf dem Führerhaus noch aufgemalt. Als einzige 50.40 trug 50 1412 das Fabrikschild auf der unteren Rauchkammertür. Beide Fotos: Lokversuchsamt Minden, Sammlung Dipl. Ing. Th. Düring.

Die Verbindung Oberflächenvorwärmer + Abgasvorwärmer bewährte sich und brachte im Vorwärmkessel naturgemäß höhere Temperaturen, da mit dem auf 90°C vorgewärmten Wasser aus dem OV gespeist wurde. Somit wurden die Rauchgase auch nicht so weitgehend ausgekühlt wie bei der 42.90. Die Gefahr von Taupunktunterschreitungen bei den Rauchgasen war somit nicht so groß wie bei jener (siehe Grafik: Temperaturen der Rauchgase .....). Noch bei Schwachleistungen mit Dampfleistungen von 3 t/h lagen die Rauchgastemperaturen bei 140°C, also knapp über dem Taupunkt. Deutlich zu sehen ist in der Grafik auch die steigende Wassertemperatur im Vorwärmer bei steigender Maschinenleistung. Somit wurde die 50 1412 wärmewirtschaftlich umso besser, je stärker sie belastet wurde, ein Umstand, der bei der zu großzügig dimensionierten 42.90 zur Unwirtschaftlichkeit geführt hatte, da Vollast nicht dem häufigsten Betriebszustand entspricht. Bei 50 1412, die ja nach dem Leistungsprogramm der Normal-50 konstruiert war, trat dieser Umstand wegen der kleineren Abmessungen nicht auf.

Im Gegensatz zur zunehmenden Wirtschaftlichkeit des FC-Vorwärmers bei steigender Maschinenleistung wurde die Vorwärmerleistung (also Wirtschaftlichkeit) des auf der Alt-50 verwendeten Oberflächenvorwärmers (Knorr) bei größerer Leistung immer geringer, da das Speisewasser den OV dann

lichen Anteil an den Sparerfolgen mit der 50 1412 hatten. Aber insgesamt blieb die Feststellung, daß die Verbindung der verschiedenen Umbaumaßnahmen mit dem FC-Konzept die 50 1412 thermisch zur bisher wirtschaftlichsten DB-Dampflok gemacht hatte.

Betriebseinsatz in Bingerbrück

Das Erstaunen über die Sparerfolge, die mit 50 1412 erzielt wurden, kommt immer wieder in den Artikeln der damaligen Fachpresse zum Ausdruck. Auch Techniker, die dem Konzept bisher reserviert gegenübergestanden hatten, schlossen sich zumindest zeitweise den FC-Begeisterten an, als auch während der Betriebserprobung beim Bw Bingerbrück der Kohlenminderverbrauch konstant blieb oder zeitweise sogar bis an 22% heranging. Diese Ergebnisse wurden in einem ab Sommer 1955 beim Bw Bingerbrück gefahrenen Vergleichsdienstplan erreicht. In diesem Plan wurden die drei FC-Loks der DB neben den 52 891 und 892 (Heinl-MV) und je zwei 50 mit Henschel MVR und Knorr-Oberflächenvorwärmer eingesetzt. Dieser Plan erlaubte einen direkten Vergleich der verschiedenen Vorwärmerbauarten unter absolut gleichen Betriebsbedingungen. Für die ersten sieben Monate des Umlaufs (Juni bis Dezember 1955) seien die Vergleichszahlen angegeben:

Durchschnittlicher Brennstoffverbrauch im Bingerbrücker Vergleichsplan vom Sommer 1955				
Lok BR	*Lok Zahl*	*Vorwärmerbauart*	*mittlerer spezifischer Brennstoffverbrauch*	*Brennstoffersparnis gegenüber Vergleichslok*
42.90	2	Franco-Crosti-Vorwärmer	15,4 t/1000 Lokkm	− 6,1 %
50 1412	1	Franco-Crosti-Vorwärmer	12,73 t/1000 Lokkm	− 22,4 %
50	2	Oberflächenvorwärmer	16,40 t/1000 Lokkm	Vergleichslok
50	2	Henschel-MVR	15,43 t/1000 Lokkm	− 5,9 %
52	2	Heinl-MV	15,79 t/1000 Lokkm	− 3,7 %

schneller durchfloß und so weniger Wärme aufnehmen konnte. Grundsätzlich war diese Tendenz auch beim Vor-Vorwärmer der 50 1412 zu beobachten (siehe Diagramm), es fiel aber hier überhaupt nicht ins Gewicht. Grundsätzlich läßt sich der Spareffekt so vereinfachen: FC-Vorwärmer: großer Dampfverbrauch – große Einsparnis – zunehmende Wirtschaftlichkeit; Oberflächenvorwärmer: großer Dampfverbrauch – kleine Einsparnis – abnehmende Wirtschaftlichkeit.

Bemerkenswert war auch die gute Feueranfachung der Lok. Infolge der langen Rauchgaswege war der Saugzug gleichmäßig, so daß auch bei großer Kesselanstrengung nur wenig unverbrannte Stoffe durch die Rauchrohre gerissen wurden. Die wenige mitgerissene Flugasche lagerte sich meist in der Rauchkammer 1 ab, so daß fast kein Auswurf von Teilchen aus dem Schornstein erfolgte. Die gleichmäßige und umfassende Verbrennung ermöglichte außerdem ein raucharmes Fahren. Gegenüber der 42.90 war auch ein kleinerer Dampf-Gegendruck auf die Zylinder zu verzeichnen. Eine bessere Rohrführung zu den Blasrohren und der Verzicht auf die Vorwärmung des Abgas-Vorwärmermantels durch den Abdampf ermöglichte diesen Erfolg.

Alle diese Ergebnisse summierten sich zu einem Wärmegewinn, der bei ungefähr 15-18% der in der Kohle zugeführten Energie lag. Natürlich darf nicht vergessen werden, daß auch die neue Heizflächenabstimmung, die größere Überhitzung, der kleinere Rost und die Vollisolierung des Kessels einen erheb-

Angesichts dieser Verbrauchszahlen ist die Begeisterung der Beteiligten zu verstehen. Ähnliches hatte man bei einer Dampflok noch nicht erlebt. Im Jahr 1955 erreichte 50 1412 übrigens eine Gesamtlaufleistung von 85.000 km, das ist so viel, wie die 50.40-Serienloks nur in ihren besten Betriebsjahren erreichten.

Der Versuchslaufplan ist im Kapitel über das Bw Bingerbrück auf Seite 92 als Nachdruck dargestellt.

Noch vor dem 22%-Sparerfolg hatte das Zentralamt Minden eine Wirtschaftlichkeitsrechnung aufgestellt, in der vorsichtshalber der Kohlenminderverbrauch mit nur 13,4% angegeben war und in die auch die damals schon erheblichen Unterhaltungskosten von FC-Loks (der Br. 42.90) eingerechnet (bzw. hochgerechnet) worden waren:

1. Jährliche Kohlenersparnis (aus 90.000 km/Jahr, 15,85 t Kohle/1.000 km, DM 69,30 Kohlekosten pro Tonne und 13,4% Kohleersparnis)   + 13.200 DM
2. Jährliche Mehraufwendungen für Zinsen (Zinssatz 5%)   − 2.130 DM
   für Abschreibung (DM 42.590 Mehrkosten und 10 Jahre Lebensdauer)   − 3.380 DM
   für Unterhaltungskosten (Bw und AW)   − 3.300 DM
3. Jährlicher Gewinn   + 4.390 DM

Von Februar 1955 bis April 1956 leistete 50 1412 beim Bw Bingerbrück 129.557 km und verbrauchte dabei insgesamt

Ein Gruß am Bahnübergang: 50 4001 am 9.9.60 bei Filsen. Wo gibt es heute noch Straßenübergänge ohne wartende Autoschlange? Das Idyll wird nur durch den an der rechten Schranke schon sichtbaren Fundamentklotz der im Bau befindlichen Oberleitungsmasten gestört.

Einen Tag vorher entstand das Bild der 50 4001 mit Güterzug auf der selben Strecke bei Block Bornhofen. Auch hier fehlen nicht die Hinweise auf die im Bau befindliche Elektrifizierung. Fotos: Hans Schmidt.

1.757,47 t Kohle, sie lag damit weiterhin bis zu 20% unter den Verbrauchsdaten der Vergleichslok. In der Zeit von der Ablieferung im November 1954 bis zum April 1956 erforderte sie insgesamt 25.753 DM Ausbesserungskosten im AW und 20.982 DM im Bw, insgesamt 46.735 DM. Das entspricht Aufwendungen von ungefähr 0,33 DM/km, was zunächst sehr wenig war.

Die Langzeiterprobung der 50 1412 lief eigentlich während der ganzen Zeit ihrer Beheimatung beim Bw Bingerbrück bis zum März 1958. Grund hierfür war allerdings nicht die Überprüfung der Sparerfolge, sondern das unerwartete Auftreten der schon bei den 42.90 beobachteten Kesselschäden. Für die Verfechter der Dampflok waren diese Schäden umso ärgerlicher, weil im Zeitalter des beginnenden Strukturwandels in der 50 1412 der Beweis erbracht worden war, daß auch die Dampflok grundsätzlich wirtschaftlicher werden konnte. Besonders wichtig waren diese Argumente natürlich in einer Zeit, in der die Preise für Ruhrkohle das Laufen lernten.

So kostete
im Jahr	1956	1 t Ruhrkohle	DM 70	frei Tender
Anfang	1957	1 t US-Kohle	DM 140	frei Tender
Mai	1957	1 t US-Kohle	DM 84	frei Tender
Dezember	1957	1 t US-Kohle	DM 89	frei Tender

Die DB kaufte damals Kohle aus den USA, weil diese immerhin noch billiger war als die heimische Ruhrkohle. Die Brennstoffpreise waren derart in Fahrt geraten, daß in der 14. Sitzung des Lok-Fachausschusses Anfang Juni 1956 die Vermutung geäußert wurde, eine FC-Lok würde auch dann noch ein wirtschaftlicher Gewinn sein, wenn alle drei Jahre der Vorwärmer komplett erneuert werden müßte (also bei einem Mehraufwand von 45.000 DM in drei Jahren).

Solche Rechnungen scheinen heute, wo Lohnkosten den größeren Teil der Ausbesserungskosten ausmachen, verfehlt, zur Erläuterung sei hier aber das Verhältnis der verschiedenen Betriebskosten einer Dampflokomotive für das Jahr 1956 angegeben (ein Jahr später hatten sich die Prozentzahlen durch die Kohleverteuerung noch weiter verschoben).

Kosten für:
Kapitaldienste	anteilmäßig mit etwa 6%
Betriebsstoffe	anteilmäßig mit etwa 40%
Fahrpersonal	anteilmäßig mit etwa 25%
Unterhaltung im AW	anteilmäßig mit etwa 16%
Unterhaltung im Bw	anteilmäßig mit etwa 6%
Behandlung und Betriebspflege	anteilmäßig mit etwa 4%
Aufsichtspersonal	anteilmäßig mit etwa 3%
gesamt	100%

Unter dem Gesichtspunkt des Kohlesparens und der Not-

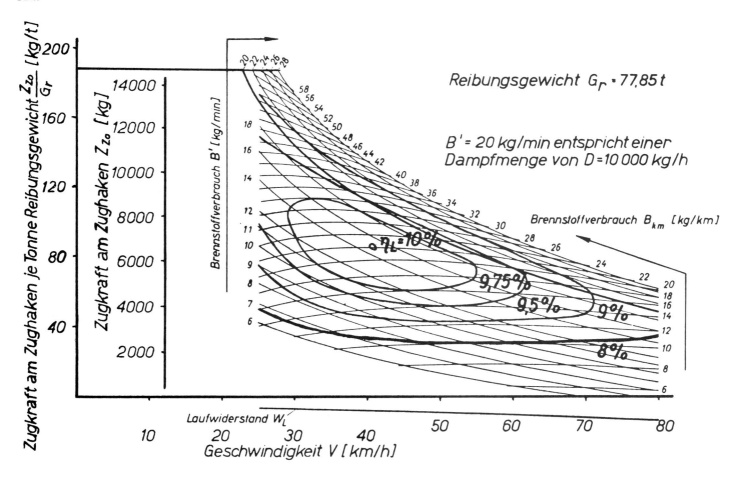

Kennlinienfeld der 50 1412, der bis dahin thermisch besten deutschen Lokomotive. Die Lok erreichte im Bereich von 40 km/h ihr Wirkungsgrad-Maximum von ca. 10% und war damit auch der bisher besten deutschen Normallokomotive (Br. 18.6 mit 9,6%) überlegen. Demgegenüber erreichte die Mischvorwärmer-52 einen Wirkungsgrad von 8,65% und die 42.90 9,7%. Die französischen Chapelon-Vierzylinderloks erreichten bis zu 12%.

wendigkeit, in den folgenden Jahren die Kessel der noch länger benötigten Baureihen 01, 03.10, 41 und 50 erneuern zu müssen, standen dann die jahrelangen Bemühungen, der Korrosionsschäden in den FC-Kesseln Herr zu werden. Wäre es gelungen, die Schäden gering zu halten, wäre die FC-Lok wohl DIE Dampflok der DB geworden. Bei der grundsätzlichen Begeisterung der Beteiligten wären wohl zumindest die Reihen 03.10, 41 und 50 in größeren Stückzahlen umgebaut worden, nach Plänen, die schon fertig in der Schublade lagen. Zumindest 1955/56 hatte es entsprechende Absichten gegeben, also noch vor dem Auftreten verstärkter Korrosionsschäden bei 50 1412.

Blick aus dem Führerstandsfenster auf der Heizerseite: Die Sicht ist gegenüber der 42.90 wesentlich besser geworden. Das Foto entstand im Werkshof der Fa. Henschel vor der Ablieferung im Herbst 1954. Foto: Henschel, Sammlung Jürgen Ebel.

50 1412 und die Korrosion

Schon nach kurzer Zeit stellte es sich heraus, daß es trotz der nach den Erfahrungen mit den beiden 42.90 durchgeführten Konstruktionsänderungen nicht gelungen war, dem Grundübel der deutschen FC-Lokomotiven beizukommen. Schon in den ersten Monaten der Betriebserprobung traten die ersten Rohrdruckbrüche im Abgasvorwärmer infolge wasserseitiger Korrosion auf.

Das Entstehen dieser Korrosionen wurde bereits im Absatz über die Betriebsbewährung der 42.90 ausführlich beschrieben. Ursprünglich hatte man angenommen, diese Korrosionen durch den Einbau eines zusätzlichen Vor-Vorwärmers überwinden zu können. So war bei der 50 1412 bekanntlich ein Knorr-Oberflächenvorwärmer dem eigentlichen Abgasvorwärmer vorgeschaltet. Nach damaliger Meinung hätte das Ergebnis so aussehen müssen:

Durch Dosierung mit den allgemein üblichen und verwendeten Mitteln wird das Speisewasser schon im Tender vorbehandelt und weitgehend von freiem Sauerstoff befreit. Im Oberflächenvorwärmer wird durch Bewegung der Rest des Sauerstoffs aus dem Wasser ausgeschieden. In den Abgasvorwärmer wird Speisewasser eingespeist, das eine Temperatur von ca. 80°C hat und annähernd sauerstofffrei ist.

Tatsächlich sahen die Ergebnisse aber so aus:
Durch die Gabe von Dosierungsmitteln wurde zwar das Speisewasser im Tender tatsächlich fast sauerstofffrei, reicherte sich aber nach Auflösung der Mittel wieder mit Sauerstoff an, so daß nach ca. 8 Stunden wieder der Ursprungsgehalt von 7 mg/m^3 erreicht war. Bei arbeitender Maschine war die Durchflußgeschwindigkeit des Wassers durch den Oberflächenvorwärmer so groß, daß es nur unzureichend von Sauerstoff befreit wurde. Somit wurde sauerstoffhaltiges Wasser in den Abgasvorwärmer gespeist. Zu allem Überfluß stellte sich heraus, daß gerade bei einer Temperatur von 70-80°C die größte Aggressivität des Speisewassers erreicht war.

Trotz aller Versuche mit chemischen Mitteln und technischen Veränderungen wurden keine Verbesserungen festgestellt.

Schon nach 104.814 Kilometern Laufleistung mußte die Lok ins AW Schwerte, wo im Rahmen einer L 2 am 31.1.56 das erste Mal der Rohrsatz im Vorwärmer komplett erneuert werden mußte. Nach weiteren 45.989 km mußte am 6.8.56 der Rohrsatz das zweite Mal erneuert werden. Der dritte Wechsel war fällig nach 97.165 km am 16.10.57. Genau elf Monate später mußte bei einer L 3-Untersuchung der Vorwärmer komplett erneuert werden, weil auch der Vorwärmermantel tiefe Anfressungen aufwies. Versuchsweise wurden der Mantel, die Rohrwände und die Rohre feuerverzinkt, was aber keinerlei Erfolg brachte.

Mehr Erfolg versprachen chemische Mittel. 1956 hatte die Firma Nationale Aluminate Corporation (Nalco) in Chicago/USA zwei Mittel entwickelt, die die Kesselsteinbildung und damit auch die Korrosion durch Ansatz von Lokalteilchen stark behinderte. Das "BS-Pulver" war für den Hauptkessel geeignet, während das "AS-Pulver" in den Vorwärmer gespeist wurde. Mit beiden Mitteln hatten die italienischen Staatsbahnen bei ihren FC-Lokomotiven gute Erfolge erzielen können. Durch den Einsatz dieser Mittel konnte die FS die Lebensdauer der Rohre soweit verlängern, daß FC-Loks in großen Stückzahlen auch noch in den siebziger Jahren im Einsatz waren und die Werkstattkosten praktisch nicht über den vergleichbaren Normallokomotiven lagen. Allerdings waren die AS- und BS-Mittel äußerst teuer, was aber bei der FS vertretbar erschien, da auch die Kohle zu hohen Preisen importiert werden mußte.

In der Folge machte auch die DB Versuche mit beiden Dosierungsmitteln. Es wurde sowohl das Tenderwasser behandelt, wie auch eine besondere Dosiereinrichtung vor die Speiseventile gebaut, die automatisch die Wirkstoffe in den Kessel abgab (bei 42 9000). Zwar wurden hiermit gewisse Erfolge erzeilt, die aber wegen Mängeln an der automatischen Dosiereinrichtung am Kessel nicht dauerhaft waren. Überdies erforderte die automatische Dosierung einige "Tricks" beim Speisen, die in der Praxis nicht durchführbar waren. Einen sehr anschaulichen Einblick in die Versuche mit den chemischen Enthärtungsmitteln gibt der Bericht, den Bundesbahnoberrat Robrade während der 16. Sitzung des Lokomotiv-Fachausschusses am 13.2.58 gab:

"Nach neuerem Vorschlag der Firma Nalco wurde zunächst die Lokomotive 50 1412 mit einem einzigen Präparat "As-Pulver" behandelt (seit dem 4.7.57), das in Italien schon an FrancoCrosti-Lokomotiven erprobt sein soll. Dieses Pulver wird ohne besondere Vorrichtungen in das Tenderwasser der Lokomotiven gegeben und zwar 200-250 g/m³ Wasser. Um über die Wirkung dieses As-Pulvers Klarheit zu gewinnen, haben wir die Wassermeßgruppe des Lokomotiv-Versuchsamtes vom 25.9. bis 20.12.57 in Bingerbrück eingesetzt. Wegen einer zufälligen Störung haben wir für diese Versuche die Lokomotiven 42 9000 gewählt. Als Vorbereitung des Versuches wurden einige Heizrohre des Vorwärmers gezogen und durch neue ersetzt, desgleichen ein Heizrohr des Dampfkessels. Auch der Tender der Lokomotive wurde zweimal gespült und ausgespritzt.

Im ersten Versuchsabschnitt vom 1. bis 14.10.57 wurde mit 250 g/m³ As-Pulver gefahren. Bei diesem Versuch wurden 546 m³ Wasser verdampft. Die Beigabemengen wurden abgewogen und durch das Dosierrohr vom Führerstand aus in das Tenderwasser gegeben. Unter dem Dosierrohr befindet sich ein Siebkorb zur Verteilung der Lösung. Dies war also die e r h ö h t e As-Beigabemenge, die allein (ohne andere Zusätze) nach den ursprünglichen Ausführungen der Firma als Korrosionsschutz und Enthärtungsmittel genügen sollte. Die Kesselwasserwerte zeigen jedoch M-Alkalitäten unter 40° und eine Resthärte H von 3° bis 4°. Bei solchen Wasserwerten wird kein Kesselstein auf den Heizflächen gelöst, im Gegenteil es bildet sich langsam neuer Stein. Diese Aufbereitung ist also im Hinblick auf den Dampfkessel ungenügend.

Im Rauchgasvorwärmer sollten die chemischen Reaktionen der Härtebildner verzögert sein. Der Vergleich der M- und H-Werte des Wassers beim Eintritt und beim Austritt aus dem Rauchgasvorwärmer zeigt, wie weit diese Wirkung erreicht wurde. Die Differenzen betragen im 1. Versuchsabschnitt oft weniger als 1°, sind also befriedigend. Die hohe Resthärte im Dampfkessel zwingt aber zu einer Änderung der Dosierung.

Im zweiten Versuchsabschnitt vom 15. bis 27.10.57 wurden 150 g As-Pulver und 150 g Natriumbikarbonat je m³ Speisewasser beigegeben. Im Kesselwasser ist ein gutes Ansteigen der M-Alkalität in den ersten 8 Betriebstagen zu beobachten. Die Resthärte sinkt und fällt in der 2. Hälfte dieser Betriebsperiode unter 1°H. Diese Aufbereitung ist für den Dampfkessel in Ordnung. Am Auswaschtag (28.11.57) wurden auch größere Mengen Kesselsteinschalen und abgesetzter Schlamm vorgefunden. Diese Ablagerungen reichten über dem Bodenring bis über die Oberkante der Lukenfutter. Während der ganzen Betriebsperiode war nicht abgeschlammt worden. Dies wurde dann – ohne sonstige Änderungen in der Dosierung – im 3. Versuchsabschnitt bis 18.11.57 getan.

Die Verhältnisse im Rauchgasvorwärmer bei der Beigabe 150 g As + 150 g Bikarbonat waren im 2. und 3. Versuchsabschnitt etwa gleich. Die Unterschiede in der M-Alkalität und in der Wasserhärte waren zwischen Wasserein- und -austritt beträchtlich; die M-Differenzen machten durchschnittlich 3-4°, die H-Differenzen 6-8° aus. Dem As-Pulver gelang es also nicht, die Reaktionen im Rauchgasvorwärmer zu unterdrücken. Damit entsteht aber viel Kohlensäure und es sind wasserseitige Korrosionen zu erwarten.

Um diese an den neu eingesetzten Kontrollrohren zuverlässiger zu erkennen, wurde der Versuch im 2. und 3. Abschnitt mit der gleichen Dosierung (150 g As und 150 g Natriumbikarbonat) gefahren, dabei wurden 933 m³ Wasser verdampft.

Im Rauchgasvorwärmer wurde trotz des Abschlammens in jeder Trommel eine grauschwarze, flüssige Schlammschicht vorgefunden, welche die unteren Heizrohre des Rohrbündels völlig bedeckte. Vom rechten Vorwärmer wurde das neue Rohr etwa aus der Mitte des Rohrbündels gezogen. Es hatte vom 14.10. bis 18.11. an dieser Stelle gesessen. Es war rotbraun, trug keine schwarze Schutzschicht. Auf der gesamten Rohrlänge befanden sich besonders oben und seitlich noppenartige Erhöhungen, die alle eine punktförmige Korrosionsstelle verdeckten. Vom linken Vorwärmer wurde ein Heizrohr aus der unteren Lage des Rohrbündels (2. Reihe von unten) gezogen, das ebenfalls am 14.10.57 als neues eingebaut war. Es zeigten sich auf der ganzen Rohrlänge die gleichen noppenartigen Erhöhungen, ein Beweis, daß der Korrosionsschutz durch 150 g As-Pulver je m³ Speisewasser unzureichend blieb.

Der folgende 4. Versuchsabschnitt wurde deswegen vom 19.11. bis 10.12.57 mit 200 g As-Pulver und 135 g Bikarbonat gefahren. Da auch diese Ergebnisse noch nicht befriedigten, wurden im letzten überwachten Versuchsabschnitt vom 11.12. bis 18.12.57 300 g Nalco As und 135 g NaBikarbonat beigegeben. Hierdurch wurde wohl eine Besserung, aber noch keine vollständige Stabilisierung der Härte und der M-Werte des Speisewassers im Rauchgasvorwärmr erzielt.

Leider ist die schrittweise Steigerung der As-Beigabe dadurch gestört, daß die Lieferfirma das As-Pulver ohne unser Wissen geändert hat. Wir bemerkten es erst an den Analysen, die wir von verschiedenen Partien im Chem.Versuchsamt Bückeburg machen ließen.

Bei der am Schluß der Versuchsreihe (18.12.57) stattgefundenen Einsichtnahmen vor dem Ausspritzen der Vorwärmer wurde festgestellt, daß leichtflüssiger, schwarzer Schlamm die untere Heizrohrlage vollständig und die 2. Rohrlage teilweise bedeckte. Aus beiden Vorwärmern wurde wieder je ein Heizrohr gezogen, und zwar die gleichen Rohre, welche am 18.11.57 neu eingesetzt waren. Hierzu im im einzelnen:

Gegenüberliegende Seite:
50 4001 (Bw Hamm) verläßt Hamm mit einem Güterzug in Richtung Minden im Februar 1965. Foto: Ludwig Rotthowe.

50 4001 wurde am 16.12.65 in ihrem Heimat-Bw Hamm für die nächsten Fahrten vorbereitet. Hier zeigt die Lok noch einmal ihre unverwechselbare Vorderansicht. Die obere Rauchkammertür war übrigens mit der der Br. 82 austauschbar. Die zum Rauchkammerreinigen geöffnete Tür gibt den Blick frei auf die beiden Einsätze, durch die die Rauchgase in den Vorwärmer geleitet werden. Die Aufstiegsleitern zum Umlaufblech waren bei den Serienloks nicht vorhanden. Gut zu sehen ist auch das umklappbare Trittbrett vor der unteren Rauchkammer. Beide Fotos: Wolfgang Fiegenbaum.

I. **Rechtsseitiger Rauchgasvorwärmer** *(dieser enthält als weiteren Korrosionsschutz 2 Magnesiumstäbe)*

Das gezogene Rohr ist insgesamt mit einer schwarzen, ziemlich fest haftenden Schutzschicht bedeckt, stellenweise zeigen sich warzenartige Erhöhungen, unter denen sich punktförmige Korrosionsstellen befinden. Die größte Häufigkeit der Korrosionen ist hinten am ganzen Rohr-Umfang etwa bis 25 cm von der Einwalzstelle zu finden. Die Tiefe der Korrosionen beträgt etwa 0,5-1,0 mm.

II. **Linksseitiger Rauchgasvorwärmer** *(ohne Magnesiumstäbe)*

Das in der Schlammzone gelegene Rohr hatte keine Schutzschicht; sein Aussehen war rotbraun; Art der Korrosionen wie beim rechtsseitig gezogenen Rohr, größte Häufigkeit befand sich jedoch hier vorn in gleicher Anzahl und etwa gleicher Tiefe. Der Schlamm ließ sich durch Ausspritzen mühelos entfernen, beide Vorwärmer wurden anschließend ausgeleuchtet und waren als sauber zu bezeichnen.

Im 4. und 5. Versuchsabschnitt zeigen alle Wasserwerte der entnommenen Kesselwasser-Proben bei den angewandten Dosierungen ein durchaus günstiges Verhalten. Die Gesamt-Alkalität $M = 20$ wurde infolge des höheren Gehaltes an alkalischen Stoffen im As-Pulver bereits am 1. Betriebstage erreicht. Die Gesamthärte, langsam von $1,4^o$ dH am Anfang fallend, erreichte am 3. Betriebstage den Nullwert, am 8. Betriebstage wurde der AR-Wert von 10 000 mg/l bereits überschritten und durch Abschlammen dann in den gehörigen Grenzen reguliert.

Der Befund des Lokkessels am 18.12. 1957 vor dem Auswaschen ergab eine Schlammhöhe über dem Bodenring von etwa 10-15 cm. Dieser Schlamm ließ sich durch Ausspritzen mühelos entfernen. Nach dem Auswaschen war der Stehkessel als fast sauber zu bezeichnen, es konnten keinerlei Schäden oder Anbackungen festgestellt werden. Die Heiz- und Rauchrohre sind noch nicht steinfrei.

Kesselspeiseventile

An den Kesselspeiseeinrichtungen sind während des ganzen Versuchsabschnittes keine Störungen aufgetreten. Die ausgebauten

Rückschlagventile sämtlicher Kesselspeiseventile waren einwandfrei sauber und konnten im gleichen Zustand belassen und wieder eingebaut werden.

Dampfstrahlpumpe
Der gezogene Düsensatz der Dampfstrahlpumpe war in allen Teilen sauber und konnte unverändert wieder eingebaut werden.

Kesselarmaturen
Hierbei ebenfalls keine Anstände, die Durchgangsbohrungen waren frei.

Seit dem 19.12.1957 läuft die Lokomotive 42 9000 mit 300 g As-Pulver und 120 g Natriumbikarbonat weiter ohne besondere Überwachung durch das Lokomotiv-Versuchsamt. Die Beobachtungen haben gezeigt, daß diese chemische Wasserbehandlung allein noch nicht ganz ausreicht, die wasserseitigen Korrosionen im Rauchgasvorwärmer zu unterbinden. Einen Ausweg bietet die Tatsache, daß es möglich ist, in Wasser gelöste Gase (O_2 und CO_2) durch Erhitzung des Wassers im offenen Gefäß auszutreiben. Eine solche Erhitzung findet im Heinl-Vorwärmer statt. Messungen an der Lokomotive 52 891 mit Heinl-Vorwärmer zeigten, daß 70-90% des Sauerstoffes in der Mischkammer aus dem Speisewasser ausgetrieben werden. Wir erwarten daher von einer Verbindung des Franco-Crosti-Kessels mit einem Mischvorwärmer MV 57 die Lösung des Korrosionsproblems der Rauchgasvorwärmer."

Somit hat BOR Robrade das Hauptargument für den Serienbau der 50.40 schon vorweggenommen. Wir wollen uns nicht weiter in chemische Probleme vertiefen, lediglich der Vollständigkeit halber sei noch ein Versuch aufgeführt, bei dem Magnesiumstäbe im Vorwärmer Sauerstoff binden sollten. Auch dieser war ein Mißerfolg.

Erfolgreicher schien ein Versuch mit Rohren und Vorwärmermantel aus Chromstahl. Bei einem Versuch mit 42 9001 wurde hier ein voller Erfolg erreicht. Eine allgemeine Verwendung von Chromstahl wurde allerdings durch die Brüchigkeit des Materials (Rohre rissen teilweise schon beim Einwalzen) und den vergleichsweise sehr hohen Preis verhindert. Trotzdem wurden auch später noch Versuche mit Chromstahlrohren bei den Serien-50.40 gemacht. Zwei wesentliche Bauartänderungen wurden an der 50 1412 durchgeführt:
1. Wie bei den anderen 50.40 wurde 1962 abermals ein neuer Abgasvorwärmer eingebaut, diesmal mit um 560 mm gekürztem Rohrsatz.
2. Bei diesem Umbau wurden auch die Rohrwände im Vorwärmer fest eingeschweißt. Dadurch wurde das Wechseln einzelner Heizrohre erleichtert. Vorher war bei 50 1412 (im Gegensatz zur Serienbauart) der ganze Rohrsatz mit Rohrwänden ausziehbar. Weitere Einzelheiten über diesen Umbau sind im Absatz über die 50.40-Krise festgehalten.

Drei Wochen nach Auslieferung der ersten Serienlok wurde 50 1412 auch listenmäßig der neuen Baureihe angeglichen: Anläßlich ihrer L 3-Untersuchung im AW Schwerte wurde sie am Montag, dem 15.9.58 gleichzeitig mit ihrer Abnahme als 50 4001 umgezeichnet. Am nächsten Tag kam sie beim Bw Oberlahnstein zum Einsatz, womit dann endgültig die Bingerbrücker Versuchsphase beendet war. Die Bezeichnung als 50 4001 ist angesichts der gleichzeitig beschafften Neubaudampfloks der DR recht erstaunlich, vermieden doch DB und DR sonst in gesamtdeutscher Einigkeit Doppelbezeichnungen.

50 4001 (Bw Hamm) auf der Drehscheibe des Bw Münster am 5.6.66. Der Fahrdraht hängt bereits – vier Monate später wurde der elektrische Betrieb zwischen Hamm und Osnabrück aufgenommen. Foto: Wolfgang Fiegenbaum.

Laufende Untersuchungen des ~~Behälters~~ Franco-Crosti Vorwärmer

Der vorseitig genannte ~~Behälter~~ Kessel wurde untersucht, durch einen Wasserdruckversuch geprüft und in Ordnung befunden

1 am	2 im Werk	3 Bescheinigung des verantwortlichen Beamten	4 Bemerkungen (ausgeführte Arbeiten, Prüfdruck usw)	5 eingebaut in Lokomotive Nr.
		erstmals eingebaut in Lok 5o 1412		
3o/1.56	AW-Schwerte (R)		Sämtl. Rohre erneuert. Vorwärmer mit 22 Kg/cm² geprüft.	
6/8.56	Schwerte (Ruhr)		Sämtl. Rohre erneuert. Vorwärmer mit 22 kg/cm² geprüft.	
16/10 57.	Schwerte (Ruhr)	Sämtl. Rohre gewechselt. 34 Stck mit [illegible] i. d. vord. [illegible] erneuert. Undichtigkeiten beseitigt. Vorwärmer mit 22 kg/cm² geprüft.		
15/9 58.	Schwerte (Ruhr)	Vörwärmermantel erneuert. Sämtl. Rohre (162Stck) gew. In Der RK. 4 Flicken eingeschw. Vörwärmer wurde einschl. der Rohre verzinkt. Der Vörwärmer wurde mit 21 kg/cm geprüft. Mantel H 1 A Blech, hint.-Schuß: 49824-15-458781-281 A-D/11-D/3o Vord.-Schuß: 49824-16-458781-284 B-D/1o-D/3o. TBI.		
22/12.59	Schwerte (Ruhr)	Sämtl. Rohre (162 Stck) im Vorwärmer erneuert. Vorwärmer mit 21 kg/cm² gepr.		
16/8.59	Bahnbetriebswerk Oberlahnstein	Sämtliche Rohre (162 Stck) im Vorwärmer erneuert. TBI (2A)		

Von 1956 bis 1959 wurde bei 50 1412 sechsmal der komplette Vorwärmerrohrsatz erneuert. Einmal wurde diese Arbeit sogar im Heimat-Bw durchgeführt. Kesselbetriebsbuch 50 4001: Sammlung Werner Semmelroch.

Die technischen Daten der FC-Loks und der Vergleichslokomotiven

Baureihe	Abk.	Dim.	42 Serie	42.90 [2]	52 Serie [5]	50 Serie	50.40 [6]	50 4011 [6,7]
Trieb - und Laufwerk								
Fahrgeschwindigkeit vw/rw	V	km/h	80/80	80/80	80/80	80/80	80/80	80/80
Zylinderdurchmesser	d	mm	630	600	600	600	600	600
Kolbenhub	s	mm	660	660	660	660	660	660
Treib - und Kuppelraddurchmesser	D	mm	1400	1400	1400	1400	1400	1400
Lauraddurchmesser	D_v	mm	850	850	850	850	850	850
Steuerung								
Art und Lage	-	-	Ha	Ha	Ha	Ha	Ha	Ha
Kolbenschieberdurchmesser	d_S	mm	300	300	300	300	300	300
Kessel								
Kesselüberdruck	p_K	kg/cm	16	16	16	16	16	16
Wasserraum des Kessels	W_K	m³	9,07	8,45	7,75	7,75	7,52	7,52
Dampfraum des Kessels	D_K	m³	5,00	3,00	3,00	3,00	2,40	2,40
Verdampfungswasseroberfläche	O_w	m²	13,00	10,80	10,80	10,80	9,66	9,66
Feuerrauminhalt von Feuerbüchse (und Verbrennungskammer)	$F_{fb}+F_{vb}$	m³	7,830	6,110	6,110	6,110	5,685	5,955 [8]
Länge der Verbrennungskammer	l_{Vk}	mm	-	-	-	-	914	914
Größter Kesselnenndurchmesser	d_K	mm	1900	1700	1700	1700	1452/1570 [9]	1452/1570 [9]
Kesselleergew.ohne Ausrüstung	G_{Klo}	t	22,1		26,0	19,2	20,20	
Kesselleergew.mit Ausrüstung	G_{Klm}	t	30,3			26,3	30,09	
Rohre								
Anzahl der Heizrohre	n_{Hr}	Stück	143	42	113	113	39	39
Heizrohrdurchmesser	d_{Hr}	mm	51 x 2,5	63,5 x 3	54 x 2,5	54 x 2,5	60 x 3	60 x 3
Anzahl der Rauchrohre	n_{Rr}	Stück	43	28	35	35	24	24
Rauchrohrdurchmesser	d_{Rr}	mm	133 x 4	152 x 4	133 x 4	133 x 4	152 x 4,25	152 x 4,25
Rohrlänge zw. den Rohrwänden	l_r	mm	4800	5200	5200	5200	4700	4700
Überhitzerrohrdurchmesser	$d_{ür}$	mm	38 x 4	40 x 4	35 x 4	35 x 4	38 x 4	38 x 4
Rost								
Rostfläche	R	m²	4,70	3,90	3,89	3,89	3,05	-
Länge x Breite	R_{lb}	m x m	3,07 x 1,53	2,54 x 1,532	2,542 x 1,532	2,542 x 1,532	2,54 x 1,20	-
Heizflächen								
Strahlungsheizfläche = Feuerbüchs - und Verbrennungskammerheizfläche $H_{Fb} + H_{Vk}$	H_{vs}	m²	19,30	15,90	15,90	15,90	17,30	17,30
Rauchrohrheizfläche	H_{Rr}	m²	81,05	65,87	71,47	71,47	50,8	50,85
Heizrohrfläche	H_{Hr}	m²	99,19	39,45	90,46	90,46	125,32 [10]	125,32 [10]
Rohrheizfläche = $H_{Rr} + H_{Hr}$	H_{vb}	m²	180,24	105,32	161,93	161,93	176,17	176,17
Verdampfungsheizfläche $H_v = H_{vs}+ H_{vb} = H_{Fb} + H_{Vk} + H_{Rr} + H_{Hr}$	H_v	m²	199,54	250,18 [3]	177,83	177,83	193,47	193,47
Überhitzerheizfläche	$H_ü$	m²	75,68	63,50	68,94	68,94	48,80	48,80
Heizflächen-Verhältn.= $H_{vb} : H_{vs}$	φ_H	-	9,34	14,74 [4]	10,18	10,18	10,18	10,18
Strahlungsflächenverhältnis $\varphi_S = H_{vs} : R$	φ_S	-	4,11	4,08	4,09	4,09	5,67	-
Überhitzerheizfläche je t Dampf	$H_ü:D$	m²/t	6,65	5,08 [3]	6,80	6,80	4,88	4,88
Feuerrauminhalt v.Feuerbüchse und Verbrennungskammer : Rostfläche = $(F_{Fb} + F_{Vk}):R$		m³/m²	1,67	1,57	1,57	1,57	1,86	-
Achsstände								
Fester Achsstand	a_f	mm	3300	3300	3300	3300	3300	3300
gesamter Achsstand	a_g	mm	9200	9200	9200	9200	9200	9200
gesamter Achsstand von L + T	$a_{(L+T)g}$	mm	19000	19000	19000	18890	18890	18890
Länge der Lok	l_L	mm	13615	13600	13600	13680	13680	13680
Länge über Puffer (L+T)	$l_üP$	mm	23000 [1]	22975 [1]	22975 [1]	22940 [1]	22940 [2]	22940 [3]
Gewichte								
Lokleergewicht	G_{Ll}	t	86,4	87,6	79,7	78,6	80,4	80,7
Lokreibungsgewicht	G_{Lr}	t	85,5	87,1	79,1	75,3	78,4	78,7
Lokdienstgewicht	G_{Ld}	t	96,6	98,7	88,6	86,9	90,6	90,9
Leergewicht von L + T	$G_{(L+T)l}$	t	105,1	106,3	98,4	104,1	107,4	107,7
Fahrzeuggesamtgewicht L + T mit vollen Vorräten	$G_{(L+T)v}$	t	155,3 [1]	157,4 [1]	147,3	146,4 [1]	151,6	153,6 →

	Abk.	Dim.	42 Serie	42.90	52 Serie	50 Serie	50.40	50 4011
Fahrzeugdienstgewicht L + T mit 2/3 Vorräten	$G_{(L+T)d}$	t	142,0	144,1	134,0	135,1	140,3	141,7
Metergewicht $G_{(L+T)v}:L_{ü}^P$	q	t/m	6,75	6,85	6,41	6,38 [8]	6,60 [9]	6,69 [10]
Lokdienstgewicht: ind.Leistung	$G_{Ld}:N_i$	kg/PS	53,7	60,6	54,5	53,5	58,8	58,3
Verdampfungsheizfl.: Lokgew.	$H_v:G_{Ld}$	m²/t	2,07	2,53 [3]	2,01	2,05	2,14	2,13
Wasserkasteninhalt	W	m³	30	30	30	26	26	26
Kohlenkasteninhalt	B	t	10	10	10	8	8	10 [14]
indizierte Leistung	N_i	PS	V 1800	V 1630	V 1625	V 1625	R 1540	V 1560
Indizierte Zugkraft (bei 0,8 p_K)	Z_i	kg	23960	21720	21720	21720	21720	21720
Befahrbarer Bogenlaufhalbmesser	R	m	140	140	140	140	140	140
Vorwärmer	-	-		AV	MV [7]	OV	MV/AV	MV/AV
Heizung	-	-	Hrv	Hrv	Hrv	Hrv	Hrv	Hrv
Bremse	-	-	K mit Z	K mit Z	K mit Z	K mit Z	K mit Z	K mit Z
erster Beschaffungspreis	-	Mark	142 000	176 600	150 000	179 000		

Erklärungen:
1) mit Wannentender 2'2'T30
2) Lok mit Abgasvorwärmer
3) einschließlich 128,96 m² Heizfläche des Abgasvorwärmers (206 Rohre)
4) Werte unter Berücksichtigung der Vorwärmerheizfläche
5) Nachbauloks ab Baujahr 1948
6) Lok mit Abgasvorwärmer, umgebaute Br.50
7) mit Ölfeuerung
8) einschließlich Feuerkasten
9) größter Innendurchmesser des konischen und zylindrischen Kesselschusses
10) einschließlich 94,22 m² Heizfläche des Abgasvorwärmers (161 Rohre)
11) mit Tender 2'2'T26
12) mit Tender 2'2'T26 mit Kohlenkastenabdeckung
13) mit Tender 2'2'T26 mit Ölbehälter
14) Ölvorrat (m³)

50 4014 ist zur Zeit der Aufnahme gerade acht Wochen im Einsatz. Foto vom 3.2.59 im Bw Kirchweyhe. Sie zeigt die ursprüngliche (und wohl ausgeglichenste) Ausführung der Serien-50.40: Mit kleinem Mischvorwärmerkasten, alten Zylindern, Blechschornstein und gangbaren (also geschlossenen) Kohleabdeckklappen. Foto: Sammlung Manfred Quebe.

Die Serienbauart der 50.40

Vorgeschichte und Entwurfsänderungen

1955 bestand kein Zweifel mehr darüber, daß die Loks der Reihe 50 noch so lange im Einsatz bleiben würden, daß ein Ersatz für die nicht alterungsbeständigen Kessel aus St 47 K geschaffen werden mußte. Im Zuge der allgemeinen FC-Euphorie wurde deshalb (neben einem größeren Kessel für 03/41) der Kessel der 50 1412 zur Serienreife weiterentwickelt. Die DB holte daraufhin von den beiden Lokomotivherstellern Krupp und Henschel Kostenvoranschläge über die Anfertigung eines vollständigen FC-Kessels (bei Abnahme von zunächst 30 Stück) für die Baureihe 50 ein. Als Gegenstück wurde gleichzeitig ein Kostenvoranschlag angefordert über einen Neubaukessel in Normalbauart für die Br. 50. Auch hier konnte auf schon vorhandene Zeichnungen zurückgegriffen werden: Der Kessel der Reihe 23 (neu) mit längerer Rauchkammer wäre passend gewesen.

Die Angebote sahen so aus:

Angebot Henschel: FC-Kessel (mit Einbau)
DM 172 795,–
Normalkessel (mit Einbau)
DM 138 620,–
Angebot Krupp: FC-Kessel (mit Einbau) DM 172 370,–
Normalkessel (mit Einbau)
DM 130 205,–

Die Unterschiede rechtfertigten den Einbau des FC-Kessels, der trotz höherer Wartungskosten die Mehrausgaben innerhalb weniger Jahre durch Kohleeinsparung hereinbringen sollte. Aus diesem Grund verzichtete die DB (im Gegensatz zur DR) dann völlig auf eine Neubekesselung der Br. 50 nach Muster der 23 und entwickelte den FC-Kessel zur Serienreife. Bekanntlich tauschte die DB dann ca. 900 St 47 K-Kessel der Br. 50 gegen aufgearbeitete Kessel der ausgemusterten Reihe 52. Dies sollte nur ein vorläufiger Notbehelf sein, denn die Kessel waren zwar alterungsbeständig, brachten aber natürlich keinen Wirtschaftlichkeitszuwachs.

Das Hauptargument für den Weiterbau von FC-Kesseln (die Hoffnung auf den Mischvorwärmer) wurde bereits genannt. Am 9.1.57 wurden bei Henschel (!) 10 Kessel bestellt, davon einer für Ölfeuerung vorbereitet, im Januar 1958 wurden weitere 20 Kessel bestellt. Die ersten Kessel wurden dem AW Schwerte im Frühjahr 1958 zum Einbau angeliefert.

Die notwendigen Entwurfsänderungen für die 50.40-Serie betrafen hauptsächlich Rahmenversteifungen und Verstärkungen der Kessel-Auflager. Bei 50 1412 und bei beiden 42.90 waren wiederholt die Verbindungsschrauben zwischen Kessel und Vorwärmer infolge Wärmespannungen gebrochen. Im Folgenden sind die Änderungen gegenüber der Baumusterlok aufgeführt. Die Angaben für 50 1412 stehen jeweils in Klammern!

a) Allgemeines:

1. Radreifenschmierung Woerner entfällt (hat 50 1412)
2. Kohlenkastenabdeckung vereinheitlicht, entspricht jetzt der auf dem 2'2' T 34 der Br. 03.10
3. Betätigen der Kohlenabdeckklappen erfolgt vom Führerstand aus (Entriegeln nur von Hand auf dem Tender)
4. Windleitbleche mit Griffstangen (ohne)
5. Speise- und Luftpumpe neben der Rauchkammer (in Fahrzeugmitte)
6. Abstützung der Rauchkammer durch starke Profilstäbe, daran befestigt die Aufstiegtrittbleche (zunächst keine Abstützung, nur zwei Aufstiegleitern zum Umlaufblech, später angeglichen)
7. Reibungsgewicht der Lok   78400 (78380) kg
8. Leergewicht   80400 (80370) kg
9. Dienstgewicht   90600 (90350) kg

b) Hauptkessel:

1. Kesselstahl HIA-Stahl (St 34)
2. Feuerbüchse H II A-Stahl (IZ II)
3. Kesselleergewicht ohne Ausrüstung   16520 (15590) kg
4. Kesselleergewicht mit Ausrüstung   26280 (19400) kg
5. Feuerbüchse hat jetzt Feuerschirmtragrohre
6. Feuertür mit Marcotti-Verriegelung (normale Klapptür)
7. 38 Waschluken im Hauptkessel (36)
8. Doppeltes Schaumblech im Dampfdom gegen Wasserüberreißen, das bei Kesseln mit Mischvorwärmer'57 besonders stark auftrat (einfaches Schaumblech)
9. Mischvorwärmer'57 (Knorr-Oberflächenvorwärmer)
10. Mischvorwärmerspeisepumpe (Kolbenspeisepumpe KT 1)
11. Abstützung des Langkessels durch Pendelbleche (Pendelstützen)
12. Der Stehkessel ist hinten unter dem Bodenring durch ein Schlingerstück abgestützt (am hinteren Bodenringstück durch ein Pendelblech)

c) Vorwärmerkessel

1. Dampfüberdruck max. 18 kg/cm^2 (16)
2. Wasserinhalt 2,01 m^3 (1,93)
3. Leergewicht mit Ausrüstung ohne Rauchkammer
3676 (4300) kg
4. Gesamtheizfläche gasberührt 94,22 (93) m^3
5. Rohrkennziffer 1/454 (1/465)
6. Gasquerschnitt gesamt 2074 cm^2 (2000)
7. Gasquerschnitt eines Rohres 12,88 cm^2 (12,25)
8. Gasberührte Heizfläche des Vorwärmers zur Verdampfungsheizfläche des Kessels 0,949 (0,953)
9. Vorderer Teil des Vorwärmerrohrsatzes ragt ca. 0,7 m (1,0 m) in die Rauchkammer 2 hinein
10. Abgasvorwärmer 161 (163) Heizrohre
11. Rohrwand im Abgasvorwärmer in ein Sonderprofil einge-

schweißt, Dicke vorn 22 mm, hinten 15 mm (Rohrwände ausziehbar samt Rohrsatz, Dicke der Wand vorn 35 mm, hinten 40 mm)
12. Zur Begehung des Vorwärmers ist auf der rechten Lokseite ein Mannloch mit Verschlußdeckel vorhanden (fehlt).

Fabrikschild der 50 4013. Schild: Sammlung Manfred van Kampen.

Der Bau

Am 10.4.58 gab die DB-Hauptverwaltung per Verfügung HVB-21.211 Zlad 54 den beteiligten Dienststellen die Nummern derjenigen 50 an, die in der Folge im AW Schwerte mit den inzwischen fertiggestellten FC-Kesseln ausgerüstet werden sollten. Für jede Lok wurde außerdem eine neue Nummer ab 4000 zugeteilt. Laut Verfügung sollten zunächst folgende 30 Loks umgebaut werden (neue Nummern in Klammern):

50 044 (4004), 077 (4008), 097 (4022), 194 (4030),
216 (4018), 346 (4007), 362 (4010), 379 (4013),
619 (4012), 636 (4026), 820 (4021), 875 (4014),
942 (4023), 969 (4015), 980 (4029), 1272 (4024),
1319 (4017), 1326 (4020), 1422 (4011), 1434 (4009),
1509 (4003), 1651 (4027), 1781 (4031), 1885 (4025),
1887 (4002), 2380 (4016), 2464 (4028), 2814 (4006),
2828 (4005), 3015 (4019).

Ein besonderes System ist bei der Auswahl der Loks nicht erkennbar, da auch sechs ÜK-Loks darunter sind. Auch wurden nicht Loks ausgewählt, die besonders schlecht im Zustand waren. Beispielsweise war noch die von der Verfügung betroffene 50 379 vom 14.4.58-6.5.58 (also nach der Verfügung!) zur Zwischenuntersuchung im AW Bremen-Sebaldsbrück. 50 346 war sogar schon mit dem alterungsbeständigen St 34-Kessel (der 52 2889) ausgerüstet. Im allgemeinen überwogen allerdings die Loks mit dem St 47 K-Kessel.

Mitte Mai 1958 traf die erste Lok, 50 1887, zum Umbau im AW Schwerte ein. Ihr Rahmen lieferte planmäßig die "Grundlage" für die neue 50 4002. Diese Feststellung ist hier wichtig, weil für den größten Teil der übrigen Umbauloks keineswegs der Grundsatz galt, daß der Rahmen der Träger der Lok-Nummer und damit das einzige identifizierbare Einzelteil bleibt. Dieser Grundsatz wurde durch die verantwortlichen Beamten des AW Schwerte zumindest großzügig gehandhabt, ein Umstand, der vielleicht auch durch die übergroße Zahl von in Schwerte unterhaltenen 50 (über 1.000 Lok) zu erklären ist.

Diese "Großzügigkeit" führte dazu, daß insgesamt nur die Loks 50 4002, 28, 29, 30, 31 überhaupt aus den in der Verfügung genannten Loks umgebaut wurden! Man kann sich nicht des Eindrucks erwehren, daß teilweise planlos die Rahmen vorhandener Loks zum Umbau benutzt wurden. Für diese Vermutung sprechen vier Tatsachen:
1. In den Betriebsbüchern der Loks ist jeweils die offizielle Umbaulok genannt, zusätzlich ist die Lok aufgeführt, deren Rahmen tatsächlich verwendet wurde.
2. Die Nummern von zwei Rahmen ließen sich überhaupt nicht mehr feststellen, so daß diese zwei Rahmen neue Fabriknummern vom BZA Minden erhalten mußten (BZA Nr. 591 und BZA Nr. 596).
3. Es wurden auch Rahmen von sieben Loks verwendet, die zufällig gerade im AW waren, aber nicht umgebaut werden sollten! Da der Rahmen als Identifizierungsmerkmal ausgebaut worden war, mußten die Loks mit anderen Rahmen wieder in Dienst gestellt werden. Überdies erhielten sie noch aufgearbeitete 52-Kessel, so daß sie der durch die Lok-Nummer festgestellten Identität gar nicht mehr entsprachen!

Im einzelnen waren dieses:

Lok	Hersteller	Rahmen in	ausgemustert
50 534	Henschel 25753/40	50 4004	2.10.68
761	WLF 9119/40	4015	18.12.76
1751	MBA 13652/41	4017	25.10.73
1868	BMAG 11766/41	4009	11.12.68
2540	Schichau 3541/42	4011	12.11.62
2610	BMAG 11860/42	4007	25. 7.75
2965	WLF 9552/42	4018	1. 9.65

4. Weil die Rahmen von sieben Fremd-50 sowie zwei BZA-Rahmen verwendet wurden, kamen insgesamt neun Rahmen von Loks, die offiziell umgebaut wurden, überhaupt nicht mehr zum Einbau. Es waren dieses 50 097, 362, 636, 942, 1272, 1422, 1651, 1885, 2828. Wahrscheinlich wurde ein Teil ihrer Rahmen wiederum in die unter 3. genannten sieben Loks eingebaut ...

Frisch angeliefert von Henschel: Der Neubaukessel für 50 4002, aufgenommen im AW Schwerte im April 1958. Gut zu sehen am Vorwärmerkessel ist das Speiseventil. Für den Seitenschornstein war die Isolierung des Hauptkessels ausgespart. Foto: AW Schwerte, Sammlung Klaus-Detlef Holzborn.

Fast eine 50.40! 50 1751 mit einem Güterzug in Münster im Juni 1960. Achtzehn Monate früher war ihr Rahmen in 50 4017 eingebaut worden. 50 1751 kam dennoch mit anderem Rahmen, neuem Kessel (Krauß-Maffei 16666/43 aus 52 3533) und anderem Tender wieder in Dienst. Was blieb von ihr original? Wohl kaum mehr als die Lokschilder. Foto: Sammlung Jürgen Ebel.

50 4002 frisch umgebaut bei der Abnahmeuntersuchung im AW Schwerte, aufgenommen Ende August 1958 vor dem Anheizschuppen. Nur zwei Loklampen fehlen noch. Auf die Zylinder ist das Indiziergerät (zum Einstellen der Schieberstange) aufgebaut. Foto: AW Schwerte, Sammlung Manfred van Kampen.

Somit hatte das AW Schwerte die Umbauforderung der DB-Hauptverwaltung erfüllt, im Betriebsbuch "stimmten" die Umbauten. Natürlich ist es müßig, darüber zu spekulieren, welche Teile von einer zweiten Lok übernommen worden sind, wenn Rahmen und Fahrgestell-Teile schon von der inoffiziellen, ersten Umbaulok gekommen sind. Fest steht jedenfalls, daß die Serienloks der Br. 50.40 (bis auf fünf Ausnahmen) NICHT aus den offiziell bekannten Loks umgebaut worden sind, wenn das Kriterium "Rahmen + Umbauteil = Umbaulok" zugrundegelegt wird. Insgesamt wurden für den Umbau der 30 Loks Teile von 39 Normal-50 verwendet.

Wie die recht heruntergekommene 50 1086 (Bw Münster) sahen in den fünfziger Jahren viele der zum Umbau vorgesehenen 50er aus: Die (später nicht umgebaute) Lok besaß den alten St 47-Kessel, eine flache Behelfsrauchkammertür, alte Windleitbleche, noch den alten, großen Schornstein und Vollgußscheibenräder am Vorlaufradsatz. Foto: Sammlung Manfred Quebe.

Henschel-Kessel-Nr.	eingebaut in	abgenommen am	offiziell umgebaut aus	tatsächlich Rahmen verw. von	außerdem Teile verw. von	Bemerkungen
29732/58	50 4002	26. 8.58	50 1887	50 1887	–	Umbau 20. 5. – 26. 8.58
29729/58	4003	3. 9.58	1509	BZA Minden 591	50 1509	Umbau 26. 6. – 3. 9.58
29735/58	4004	9. 9.58	044	50 534	50 044	Umbau 6. – 9. 9.58
29731/58	4005	1.10.58	2828	50 1509	50 2828	
29734/58	4006	1.10.58	2814	BZA Minden 596	50 2814	Umbau 24. 9. – 1.10.58 (?)
29730/58	4007	1.10.58	346	50 2610	50 346	
29733/58	4008	1.10.58	077	50 044	50 077	Umbau 9. 9. – 1.10.58 (?)
29736/58	4009	24.10.58	1434	50 1868	50 1434	
29737/58	4010	12.10.58	362	50 346	50 362	
29738/58	4011	4.11.58/ 19. 5.59	1422	50 2540	50 1422	Kesselumbau Schwerte/Ölumbau Kassel 6.9.-4.11.58 5.11.58-4.5.59
29803/58	4012	12.11.58	50 619	50 2814	50 619	
29805/58	4013	3.12.58	379	50 077	50 379	Umbau 24.10. – 30.11.58
29804/58	4014	2.12.58	875	50 1434	50 875	
29806/58	4015	9.12.58	969	50 761	50 969	
29807/58	4016	17.12.58	2380	50 619	50 2380	
29808/58	4017	23.12.58	1319	50 1751	50 1319	
29809/58	4018	13. 1.59	216	50 2965	50 216	
29810/58	4019	14. 1.59	3015	50 875	50 3015	Umbau 10.12.58 – 14. 1.59
29811/58	4020	22. 1.59	1326	50 379	50 1326	Umbau 11.12.58 – 21. 1.59
29812/58	4021	28. 1.59	820	50 2380	50 820	Umbau 23.12.58 – 26. 1.59
29814/58	4022	16. 2.59	097	50 969	50 097	
29813/58	4023	8. 2.59	942	50 1319	50 942	
29815/58	4024	23. 2.59	1272	50 216	50 1272	
29816/58	4025	27. 2.59	1885	50 3015	50 1885	
29817/58	4026	10. 6.59	636	50 1326	50 636	
29818/58	4027	22. 6.59	1651	50 820	50 1651	
29819/58	4028	30. 6.59	2464	50 2464	–	
29820/59	4029	13. 7.59	980	50 980	–	
29821/59	4030	5. 8.59	194	50 194	–	Umbau 9. 2.59 – 5. 8.59
29822/59	4031	1. 9.59	1781	50 1781	–	Umbau 20. 1.59 – 1. 9.59

50 4019 (noch Bw Kirchweyhe) mit einem Güterzug in Osnabrück, aufgenommen am 4.2.59. Auch hier sind die Tenderklappen geschlossen.

Fast noch neu war 50 4017 des Bw Kirchweyhe, als sie am 9.3.59 in Osnabrück aufgenommen wurde. Die Lok hat schon Neubauzylinder und Vollguß-Vorlauträder. Fotos: Peter Konzelmann.

Die einzelnen Umbauten dauerten laut Angaben in den Betriebsbüchern zwischen sechs Monaten und sieben Tagen. Die letztere Angabe ist sicher wieder eine "Schwerter Großzügigkeit", denn in wesentlich weniger als drei Wochen war ein derart aufwendiger Umbau sicher nicht zu leisten.

Die Loks 50 4026-31 waren erst nach einer Pause von vier Monaten fertiggestellt. Wahrscheinlich war ein momentaner Ersatzteilmangel der Grund. Diese Maschinen wurden direkt ab Werk mit Heizrohren (im Abgasvorwärmer) aus Chromstahl ausgerüstet, nachdem auch bei den ersten Serien-50.40 die ersten Rohrdurchbrüche durch Korrosion aufgetreten waren. Die sechs Loks wichen übrigens auch optisch von den übrigen 25 Loks ab, da sie eine andere Bauart des Rauchkammeraufstiegs erhielten. Das große Trittbrett vor der Rauchkammer 1 entfiel, die Maschinen hatten dafür ein klappbares Trittbrett in Höhe des Umlaufblechs. Dieses Trittbrett wurde durch einen auf der Rauchkammertür 2 sitzenden Dorn abgestützt. Diese Baumaßnahme erleichterte das Entfernen von Lösche aus der Rauchkammer 1 erheblich. Außerdem wurde das Aussehen der Loks verbessert. Als letzte 50.40 wurde 50 4031 am 1.9.59, also genau ein Jahr nach Ablieferung der ersten Serienlok, abgenommen und beim Bw Oberlahnstein in Dienst gestellt. Außer der Öllok 50 4011, die zum Versuchsamt Minden kam, wurden alle Loks sofort im Zugdienst eingesetzt.

Blick auf den Schornstein der 50 4021, aufgenommen am 3.2.59 im Bw Kirchweyhe. Der ursprüngliche Blechschornstein wurde später gegen einen mehrteiligen Gußschornstein ausgetauscht. Die 50.40 behielten bis zum Schluß ihre ursprünglichen, hohen Sandkästen auf den Umlaufblechen. Bei den anderen Neubaukesselloks wurden diese gegen andere, weniger auffällige ausgetauscht. Der Hauptluftbehälter mußte aus Platzgründen unter das Führerhaus verlegt werden. Foto: Sammlung Manfred Quebe.

Der Arbeitsplatz des Lokführers auf der 50.40, aufgenommen von Wolfgang Fiegenbaum auf 50 4030. Zu sehen ist links oberhalb der Marcotti-Feuertür der Betätigungshebel für den Rußbläser Bauart Gärtner.

Bewährung

Im Betriebseinsatz zeigten die Serienloks die schon bei der 50 4001 nachgewiesenen, charakteristischen Brennstoff-Einsparungen zwischen 15 und 20%. Dieses war umso erstaunlicher, weil in Kirchweyhe die Loks allgemein wesentlich stärker belastet wurden als die Loks der Normalausführung. Die Verdampfungsleistung der neuen Loks war für die Beteiligten so erstaunlich, daß die Maschinen zunächst (im Laufe des Jahres 1958) hauptsächlich in Diensten eingesetzt wurden, die eigentlich den Einsatz einer 41 oder 44 verlangt hätten. Erst zu Anfang des Jahres 1959 glichen sich die Leistungen von 50.40 und Altbau-50 soweit an, daß an einen überwachten Verbrauchsvergleich gedacht werden konnte. Die Ergebnisse sind in der Vergleichsliste dargestellt.

Ebenso wie bei der Vorserienlok waren die Einsparungsergebnisse weitgehend unabhängig vom Unterhaltungszustand der Maschinen, auch in den späten Jahren waren die Loks als äußerst sparsam und sehr verdampfungsfreudig bekannt.

Als sehr praktisch wurde von vielen Lokpersonalen der Rußausbläser Bauart "Gärtner" empfunden. Mit diesem an der Stehkesselrückwand angebrachten Gerät konnte durch einen scharfen Dampfstrahl der in den Rauchrohren abgesetzte Ruß nach vorn in die Rauchkammer geblasen werden. Die Heiz-

50 4002 und 50 4026 als Leihloks im Bw Rahden, aufgenommen am 13.5.66. 50 4026 ist mit einer Druckluftglocke ausgerüstet. Die Rauchkammeraufstiege sind bei beiden Loks unterschiedlich ausgeführt. Die Serie 50 4026-31 hatte als oberes Trittbrett ein zweiteiliges Gitterblech, das auf einem Dorn auf der unteren Rauchkammertür abgestützt war. Foto: Peter Lösel.

50 4003 beim Zusammenbau im AW Schwerte im August 1958. Gut zu sehen ist der Neubau-Gußzylinder, die Lage des Vorwärmkessels im Rahmen, die Stützbleche des Hauptkessels auf den Rahmen und die Abdampfleitung von den Zylindern zum Mischvorwärmer. Foto: AW Schwerte, Sammlung Manfred van Kampen.

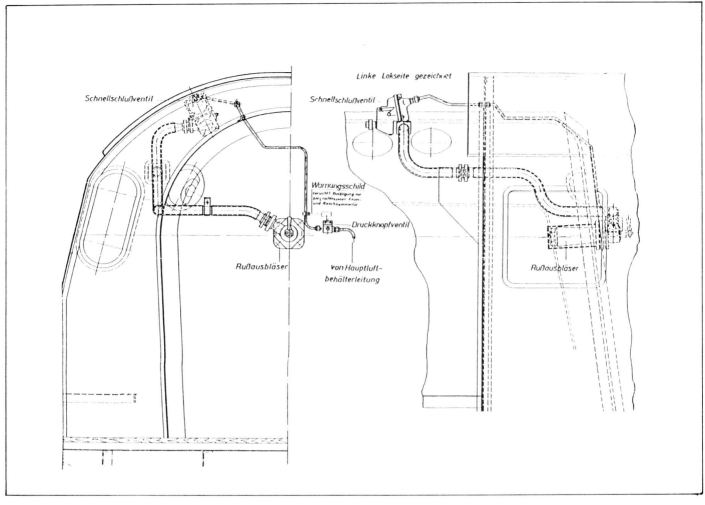

Rußausbläser Bauart Gärtner, angebaut an die Loks der Br. 50.40. Links von hinten gesehen, rechts von der linken Seite gesehen.

flächen waren so ständig sauber zu halten, was wiederum einen geringeren Kohleverbrauch verursachte. Allerdings setzte sich das Betätigungsventil des Gärtnergerätes häufig mit Flugasche zu. Ein ungeübter Lokführer konnte dann den Handgriff abbrechen und so das Gerät unbrauchbar machen.

Für das Lokpersonal hatte das Fahren auf den 50.40 auch einige Nachteile:

1. Der Druckluftkolben zur Schließung des Anheizschornsteins war häufig verklemmt. Wenn der Schornstein nicht mit roher Gewalt geschlossen werden konnte, waren die Loks nur noch sehr eingeschränkt betriebstauglich, da ohne Vakuum (Unterdruck) in der Rauchkammer die Feueranfachung denkbar schlecht war.
2. Die Tenderabdeckklappen waren häufig nur kurz nach einem AW-Aufenthalt gangbar. Wohlmeinende Bekohler schütteten allerdings auch meist den Tender so voll, daß die Abdeckklappen überhaupt nicht über den großen Kohlehaufen hinweggingen. Als Folge hiervon wurden dann bei schneller Fahrt durch den Luftwirbel hinter dem Führerhaus Rauchgase ins Führerhaus gesaugt. Das Rauchleitblech über dem Führerhausdach war eben nur in Verbindung mit dem geschlossenen Kohlekasten wirksam. Die ins Führerhausinnere gesaugten Rauchgase machten sich für die Personale häufig durch Kopfschmerzen bemerkbar. Zusätzlich wurde natürlich Kohlenstaub vom Tender mitgesaugt.

Ein Lokführer des Bw Hamm bemerkte hierzu treffend: "Fährst Du auf dem Heuwender (Spitzname der 50.40 in Hamm), siehst Du hinterher wie die Sau aus." Hauptsächlich in dieser Tatsache ist die tiefe Ablehnung vieler Lokführer und Heizer gegen die 50.40 zu sehen.

3. Schwierigkeiten machte auch das Abstellen der Lok im Bw, da sie im Schuppen nicht unter die normalen Qualmabzugshauben paßten. Häufig wurden sie deshalb im Freien abgestellt, oder sie schauten (schön für die Eisenbahnfreunde) bis zum Betriebs-Schornstein aus dem Lokschuppen.
4. Speziell in der ersten Betriebszeit brachen mehrfach die Stiftschrauben, mit denen der Vorwärmer an der Rauchkammer festgeschraubt war. Nach Verstärkung dieser Verbindungen traten die Schäden dann nicht mehr auf.

Auch bei der 50.40 traten die gasseitigen Korrosionen infolge Taupunktunterschreitung in der hinteren Rauchkammer auf. Bei allen Loks wurde deshalb der ursprüngliche Blechschornstein durch einen mehrteiligen Mantel aus Gußeisen ersetzt. Dieser Umbau war bis ca. 1962 abgeschlossen. Am

---

Gegenüberliegende Seite:
Hier wird der Widerspruch zwischen der HVB-Verfügung und den tatsächlichen Umbauten deutlich: Während oben die Umzeichnung der 50 379 richtig festgehalten ist, stammen die Herstellerangaben der 50 4013 von 50 077! Sammlung Seewald.

Lok.-Nr. 50 379 laut HVB. 21.211 Zlad 54 v.1o.o5.1958
in Lok.-Nr. 5o 4o13 geänd.

Deutsche Bundesbahn

Urkunde über die Genehmigung zur Indienststellung

der Dampflokomotive Betriebs-Nr | 5o 4o13 |

Hersteller Henschel u. Sohn

in Kassel

Baujahr 1939

Fabriknummer 24 697

Auf Grund der §§ 4 und 43 der Eisenbahn-Bau- und Betriebsordnung wird für die obenbezeichnete, der Deutschen Bundesbahn gehörige Lokomotive, die Genehmigung zur Verwendung im Eisenbahnbetrieb erteilt.

Die in § 3 der „Dienstvorschrift für die Erhaltung der Dampflokomotiven in den Eisenbahn-Ausbesserungswerken" vorgeschriebenen Urkunden

1. Beschreibung der Lokomotive (Vordruck 946.00.105)
2. Beschreibung des Kessels (Vordruck 946.00.121) mit Kesselgenehmigungszeichnung
3. Bescheinigung über die Abnahmeprüfung des Kessels, sowie über die Prüfung der Sicherheitsvorrichtungen des Kessels (Vordruck 946.00.122)
4. Beschreibung des Tenders (Vordruck 946.00.130)
5. Bescheinigung über die endgültige Abnahme der Lokomotive (Vordruck 946.00.107)

liegen vor.

Münster (Westf), den 22. Dezember 1958

(Dienststempel)

Deutsche Bundesbahn

Bundesbahndirektion Münster

Dez 21 A

946.00.104 Betriebsbuch - Genehmigungsurkunde z Indienststellung einer Lok A 4 h 6 b München III 54 3000

50 4008 wurde nach einem Unfall sehr früh abgestellt. Sie besaß zum Schluß einen Leichtrad-Vorlaufradsatz und noch ihre alten Zylinder. Foto im Bw Osnabrück Rbf im Mai 1964. Foto: Jürgen Munzar.

Fahrgestell der 50.40 wurden während der Betriebszeit keine weiteren wesentlichen Änderungen vorgenommen, sieht man von dem normalen Ersatz der alten Zylinder durch neue Graugußzylinder mit angegossenen Ausströmkästen ab.

Schon nach kurzer Betriebszeit stellte sich heraus, daß die schönen Hoffnungen, die die Techniker an den Einbau des Mischvorwärmers '57 in die 50.40 geknüpft hatten, enttäuscht wurden. Bei den Loks traten dieselben Schäden auf wie vorher auch bei den 42.90 und der 50 1412. Schon nach wenigen Tausend Kilometern waren die ersten Rohrdurchbrüche im Vorwärmer zu verzeichnen.

Im Mischvorwärmer wurden zwar bis zu 90 Prozent des freien Sauerstoffs im Speisewasser ausgeschieden, aber der Rest von ca. 1 mg pro Liter reichte, um die Lochfraßkorrosion in Gang zu setzen. Zunächst versuchte man eine Abhilfe zu erzielen, indem der Mischkasten des Vorwärmers vergrößert wurde, um so eine stärkere Verwirbelung zu erreichen. Nach Zeichnung 25.310 SK 1 erhielten alle Serienloks zwischen 1960 und 1961 den charakteristischen größeren Mischkastenaufsatz vor dem Anheizschornstein. Ein zusätzlicher Grund für den Umbau war, daß wegen der geringen Größe des Mischkastens bei Fahrt ein Teil des Abdampfes durch die Überlaufleitung ins Freie entwich, anstatt das Speisewasser vorzuwärmen. Bei den anderen Neubaukesseln (z.B. Br. 23, 41) hatte der größere Kesseldurchmesser die Unterbringung einer ausreichend großen Mischkammer erlaubt. Auch die Vergrößerung der Mischkammer brachte keine bessere Entgasung des Wassers.

Aus den Erfahrungen mit 42.90 und 50 1412 war bekannt, daß Heizrohre mit Chromanteil eine wesentlich höhere Lebensdauer als die normalen aus St 35.8 gefertigten Rohre erreichten. Allerdings war die Korrosion bei Rohren mit einem Anteil von ca. 5% Chrom nur verlangsamt worden. Neben den bereits erwähnten 50 4026-4031 wurden deshalb auch die Maschinen 50 4009, 4011, 4012, 4014, 4026 mit Chromstahlrohren mit einem Anteil von 17% Chrom ausgerüstet. Für Fachleute: Die Rohre waren aus dem Werkstoff x 8 GrTi17 gefertigt. Diese Rohre erwiesen sich als absolut korrosionssicher!

Leider war damit aber noch nicht der Lochfraß am Vorwärmermantel beseitigt. Außerdem war der Chromstahl äußerst spröde und deshalb schwer zu verarbeiten. Manchmal brachen die Rohre schon beim Einwalzen in die Rohrwände. Der hohe Preis für die Rohre und die schlechten Verarbeitungseigenschaften verhinderten die weitere Verwendung.

Die weiteren Versuche basierten auf den Ergebnissen mit chemischen Entgasungsmitteln. Schon in den Versuchen beim Bw Bingerbrück hatte sich die einfache Dosierung von Nalco-As-Pulver oder Discro-Pulver ins Tenderwasser nicht bewährt, da sich das Wasser innerhalb einiger Stunden wieder mit Sauerstoff anreicherte.

Die Italienische Staatsbahn hatte sehr gute Erfahrungen mit dem Nalco-Dosierungsmittel in Kugelform gemacht. Dabei wurden störungsfreie Laufleistungen von FC-Loks von 300.000 km erreicht, weil sich die Kugeln allmählich im Tenderwasser auflösten und so dauernd Wirkstoffe abgaben. Einen Versuch mit Nalco-As-Kugeln machte das Bw Kirchweyhe mit den Loks 50 4010 und 4015. Der Erfolg war auch gut: Z.B. erreichte 50 4015 über 145.000 km bei nur 14 gewechselten Rohren. Die Handhabung der Kugeln war allerdings umständlich: Bei jedem Wassernehmen mußten von Hand bis zu 30 Kugeln ins Tenderwasser gegeben werden. Der hohe Aufbereitungspreis von DM 1,06 pro m^3 Speisewasser verhinderte die allgemeine Einführung.

Das Bw Oberlahnstein behandelte seine Loks mit dem Mittel Discro SC/30/2 in Verbindung mit reinem Natriumbikarbonat. Diese Mittel wurden als Pulver dem Tenderwasser beigegeben. Die Erfolge damit waren gut: Bei 50 4019 brauchten nach 163.000 km Laufleistung nur 4 Rohre, bei 50 4020 nach 165.000 km nur 5 Rohre gewechselt werden. Allerdings ist hierbei zu beachten, daß die Wasserqualität in Oberlahnstein wesentlich besser war als in Kirchweyhe, wo durch das bekannte "harte Kirchweyher Wasser" Ablagerungen im Kessel stark begünstigt wurden. Die Dosierung mit Discro kostete DM 0,36 pro m³ Speisewasser.

~~Zwei Kirchweyher Loks — 50 4024 und 4025 — wurden mit einem Konzentratbehälter im Tender (Zeichnung Fld 43.800 SK 1) ausgerüstet. Dieser Konzentratbehälter stand nur durch enge Röhren mit dem Tenderwasser in Verbindung.~~

Bereits am 30.4.59 machte das Bw Kirchweyhe über seine Loks folgende Rechnung auf: Insgesamt waren schon 150 Rohre ausgewechselt worden, die sich so auf die Loks verteilten:

50 4002 10 Rohre nach 60 000 Lokkm
    4003   8   "   34 000   "
    4004 19   "   55 000   "
    4005 15   "   45 000   "
    4006 10   "   46 000   "
    4007 30   "   46 000   "
    4008 23   "   45 000   "
    4009 14   "   32 000   "
    4010 10   "   38 000   "
    4012   7   "   32 000   "
    4014   2   "   22 000   "
    4015   1   "   26 000   "
    4019   1   "   19 000   "

Verbrauchsüberwachung beim Bw Kirchweyhe von Januar bis März 1959. Lltkm = Lokleistungstonnenkilometer (x 1000)

BR 50 Vergleichslok

Leistungs- u. Verbrauchswerte

Bw Kirchweyhe

Monat 1959	Lok-Nr	km	Lltkm	Verbrauch an Kohle Heizöl in t	Lastwert in t	spez. Verbrauch t/1000km	t/1 Miotkm	+ oder − %	Gcal/1 Miotkm
I.	50 061	6 238	5 537	129,6	888	20,78	23,41		
	089	6 021	5 193	114,7	862	19,05	22,09		
	440	6 004	5 737	118,3	956	19,70	20,62		
	856	7 471	6 755	149,3	904	19,39	22,10		
	1014	5 324	4 727	110,8	888	20,81	23,44		
	1348	7 629	4 271	138,9	560	18,21	32,52		
	1566	6 517	5 976	124,6	917	19,12	20,85		
	1569	8 600	7 851	168,9	913	19,61	21,18		
	2481	7 438	6 235	144,6	838	19,44	23,20		
	9 Lok	61 242	52 282	1199,5	854	19,59	22,94		
II.	50 061	4 771	3 469	94,9	727	19,89	27,36		
	089	4 961	2 676	89,4	539	18,02	33,41		
	440	5 081	4 159	96,9	819	19,08	23,31		
	856	7 089	5 676	133,0	801	18,77	23,44		
	1560	7 328	6 518	139,7	889	19,06	21,43		
	1566	4 818	3 836	96,3	796	20,00	25,11		
	2742	5 017	4 256	93,8	848	18,69	22,03		
	2759	8 107	7 537	158,1	930	19,50	20,97		
	2766	6 873	6 124	128,6	891	18,71	20,99		
	9 Lok	54 045	44 251	1030,7	819	19,07	23,29		
III.	50 089	6 512	5 232	125,3	803	19,24	23,95		
	1540	5 721	4 809	122,5	841	21,41	25,47		
	1560	9 321	8 101	165,8	869	17,78	20,47		
	1566	6 443	4 848	117,8	749	18,29	24,40		
	1569	6 678	6 126	121,6	917	18,20	19,84		
	2481	4 938	3 622	100,9	725	20,18	27,85		
	2742	6 412	5 687	127,9	887	19,95	22,49		
	2749	8 132	6 771	151,8	853	18,66	22,41		
	2759	8 437	7 550	159,3	895	18,88	21,10		
	9 Lok	62 654	52 726	1192,9	842	19,04	22,62		

BR 50.40

Monat 1959	Lok-Nr	km	Lltkm	Verbrauch an Kohle Heizöl in t	Lastwert in t	spez. Verbrauch t/1000km	t/1 Miotkm	+ oder − %	Gcal/1 Miotkm
I. 59	50 4002	6 817	5 689	115,8	835	16,98	20,35		
	4003	6 458	4 905	112,8	760	17,46	22,99		
	4004	8 130	7 712	137,5	949	16,91	17,82		
	4005	7 721	7 391	133,3	957	17,26	18,03		
	4006	8 824	8 854	154,1	1003	17,47	17,41		
	4007	6 069	5 966	106,8	983	17,60	17,91		
	4008	8 220	7 986	147,1	972	17,90	18,42		
	4009	5 129	4 610	97,0	899	18,90	21,03		
	4010	5 998	5 177	110,2	863	18,37	21,29		
	4012	3 984	3 427	68,5	860	17,19	19,99		
	(4013	1 903	1 713	36,1	900	18,98	21,08)		
	4014	6 296	6 463	109,3	1027	17,37	16,92		
	4015	3 988	3 449	71,5	865	17,93	20,73		
	4016	5 139	4 789	91,5	932	17,81	19,11		
	4017	4 631	4 418	81,7	954	17,64	18,49		
	4018	3 564	3 016	62,7	846	17,60	20,80		
	(4019	1 488	910	29,0	612	19,48	31,86)		
	(4020	1 456	1 025	28,3	704	19,44	27,62)		
	15 Lok	90 968	83 852	1599,7	922	17,59	19,06	−16,8	
	Durchschnitt der Vergleichslok:				854	19,59	22,94	−	
II. 59	50 4002	4 573	2 704	81,1	591	17,74	30,00		
	4003	4 912	3 232	87,7	658	17,86	27,14		
	4004	6 255	6 235	111,6	997	17,85	17,90		
	4005	6 840	6 950	122,1	1016	17,85	17,57		
	4006	5 538	5 116	98,9	924	17,85	19,32		
	4007	7 505	7 881	132,2	1050	17,62	16,78		
	4008	7 841	7 847	136,4	1001	17,34	17,33		
	(4009	1 931	2 024	31,7	1048	16,41	15,65)		
	4010	4 096	3 919	79,1	957	19,30	20,17		
	4012	6 477	6 121	110,0	945	16,98	17,97		
	4014	4 558	4 443	88,7	975	19,47	19,97		
	4015	8 023	7 779	133,3	970	16,61	17,13		
	4016	5 675	5 610	99,8	989	17,59	17,79		
	4017	5 053	3 763	85,5	745	16,91	22,71		
	(4018	2 351	2 077	42,3	883	17,99	20,36)		
	4019	5 604	4 940	89,9	882	16,04	18,20		
	50 4020	5 768	4 804	102,6	833	17,78	21,35		
	(4021	2 420	2 448	49,2	1012	20,62	20,38)		
	(4022	1 033	767	21,5	742	20,81	28,03)		
	15 Lok	88 718	81 354	1558,4	917	17,57	19,16	−17,7	
	Durchschnitt der Vergleichslok:				819	19,07	23,29	−	
III. 59	50 4002	3 593	2 308	75,0	656	19,59	29,87		
	4003	4 962	3 748	88,3	755	17,79	23,55		
	4004	5 326	3 303	82,7	620	15,53	25,05		
	4005	6 811	6 887	118,8	1011	17,44	17,25		
	4006	8 086	8 407	134,5	1040	16,64	16,00		
	4007	7 114	7 405	118,9	1041	16,72	16,06		
	4008	5 862	6 202	94,9	1058	16,19	15,30		
	(4009	507	470	13,5	929	26,67	28,70)		
	4010	6 120	5 396	93,7	882	15,31	17,36		
	4012	5 824	3 650	86,4	627	14,84	23,68		
	4013	7 131	4 848	112,2	680	15,73	23,14		
	4014	3 255	1 286	52,8	395	16,21	41,02		
	4015	6 725	6 928	105,1	1030	15,62	15,16		
	4016	4 754	4 485	76,8	947	16,22	17,12		
	4017	5 373	4 484	85,3	835	15,87	19,01		
	4018	6 398	5 593	105,1	874	16,42	18,78		
	4019	5 809	4 795	94,8	825	16,31	19,76		
	4020	6 695	6 284	108,6	939	16,22	17,29		
	4021	5 078	4 985	87,9	982	17,30	17,62		
	4022	8 202	8 066	131,8	983	16,06	16,34		
	19 Lok	113 098	99 060	1853,2	876	16,39	18,71	−15,8	
	Durchschnitt der Vergleichslok:				842	19,04	22,62	−	

Rohrplan f. Rauchgasvorwärmerkessel der Lok BR 50⁴⁰

rechte Lokseite   von vorn gesehen   linke Lokseite

1. Reihe
2. Reihe
3. Reihe
4. Reihe
5. Reihe
6. R.
7. R.
8. R.
9. R.
10. R.
11. Reihe
12. Reihe
13. Reihe
14. Reihe
15. Reihe

58 Rohre = 14,4 %

346 Rohre = 85,6 %

Bis zum 31.12.59 insgesamt 404 Rohre gewechselt

Aufstellung des Bw Kirchweyhe für seine Loks vom Anfang 1960. Die Häufung der Rohrschäden im unteren Bereich ist offensichtlich.

Das Vorderteil der Mischvorwärmer-50.40. Abgebildet ist 50 4023 (Foto: Wolfgang Fiegenbaum). Auf dem Foto sind folgende Teile gut zu erkennen:

1. Stützblech des Hauptkessels auf den Rahmen.
2. Speiseventil (oben auf dem Kessel unterhalb der Dampfpfeife), mit dem im Notfall der Hauptkessel direkt gespeist werden konnte.
3. Der Umlenkkasten von Rauchkammer 1 zu Rauchkammer 2.
4. Die Mischvorwärmerpumpe des MV-57 samt den Zuleitungen vom Mischgefäß unterhalb des Führerhauses. Sichtbar unter dem Windleitblech ist der Kaltwasserteil der Pumpe.
5. Windleitblech mit Griffstange.
6. Grauguß-Neubauzylinder mit angegossenen Ausströmkästen.
7. Entwässerungsstutzen des Vorwärmers (oberhalb der Laufachse).
8. Kondenswasserabflußrohr aus dem Vorwärmermischkasten (Abfluß auf die Schienen direkt vor der Laufachse).

Das Wechseln eines Rohres im Bw dauerte insgesamt ca. 2 Stunden. Schon damals waren also erhebliche Erhaltungskosten für die Bws abzusehen.

Somit konnte doch das Nalco-As-Pulver verwendet werden, das durch die engen Röhren dauernd austrat und das Tenderwasser von Sauerstoff befreite. Die Kosten für dieses Verfahren (Nalco-As-Pulver + reines Natriumbikarbonat) lagen bei DM 0,48 pro m³ Wasser. Dieses Verfahren war bei weitem das erfolgreichste: 50 4025 erreichte bis zu ihrer ersten Zwischenuntersuchung L 2 im Dezember 1960 153.000 km ohne ein gewechseltes Rohr.

Nach dem Muster der beiden Loks wurden deshalb in der Folge alle 50.40 mit Konzentratbehältern im Tender ausgestattet. Anstände gab es allerdings auch hierbei: Die Verteilungsrohre für das Pulver verstopften gelegentlich wegen ihres kleines Innendurchmessers von 13 mm. Diese Verstopfungen waren dann erst zu bemerken, wenn mangels Dosierungsmittel die ersten Heizrohre brachen. Nach Einbau größerer Rohre von 25 mm Innendurchmesser erreichten die Loks befriedigende Laufleistungen von über 100.000 km ohne wesentliche Rohrschäden. Diese Kombination (St 35.8-Rohre + Wasserinnenaufbereitung mit Discro oder Nalco im Konzentratbehälter) wurde bis zum Schluß angewendet.

Allerdings stellte sich sehr plötzlich heraus, daß mit allen Dosierungsmitteln die Korrosion an der Innenseite des Vorwärmermantels nur gebremst werden konnte. Das folgende Ereignis trübte deshalb die Freude an den Sparergebnissen mit der 50.40 nachhaltig.

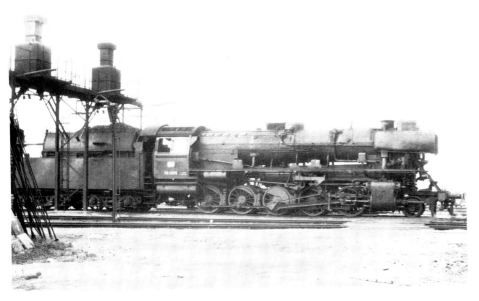

50 4006 (Bw Kirchweyhe) unter der Besandungsanlage in ihrem Heimat-Bw im Oktober 1963. Gut sichtbar ist der unter dem Hauptkessel liegende FC-Vorwärmer und die veränderte Steuerung. Foto: Rolf Engelhardt.

50 4003 (Bw Osnabrück Rbf) steht am 10.9.62 in Münster vor dem Hilfszug. Sie hat als erste Kohlelok einen vergrößerten Mischvorwärmerkasten erhalten. Der Kasten ist größer als die sonst bei den übrigen 50.40 ausgeführte Bauart und unterscheidet sich auch durch seine runde Form von diesen. Auch 50 4003 hatte 1962 schon einen Gußschornstein. Wie die 50 4002 hatte auch sie vergrößerte Fensterschirme (die aber bei der 50.40 sonst keine weitere Verbreitung fanden). Die 50 4003 war die Serien-50.40 mit der höchsten Laufleistung. Foto: Bernd Kappel.

50 4018 (noch Bw Kirchweyhe) mit einem Güterzug im Bahnhof Hamm. Sie hat noch den kleinen Vorwärmerkasten. Die Abdeckklappe für den Anheizschornstein ist verklemmt und kann nicht geschlossen werden. Dadurch kann in den Rauchrohren kein ausreichender Unterdruck entstehen. Wie das Feuer ohne ausreichende Anfachung bei 50 4018 an diesem Tage aussah, kann man sich vorstellen. Einen längeren Zug als diese 16 Wagen hätte sie wohl kaum bis Hamm bekommen. *(Frühjahr 1959)*

50 4019 mit einem Güterzug in Rüdesheim im Sommer 1960. Nun hat die Lok schon den vergrößerten Mischvorwärmer. Fotos: Carl Bellingrodt (+).

Die 50.40-Krise

50 4002 (Bw Kirchweyhe) löste am 8.10.61 die Krise aus: An diesem Tag mußte die Lok wegen Rohrundichtigkeiten im Vorwärmkessel abgestellt werden. Alsbald wurde sie dem AW Schwerte zur Bedarfsuntersuchung L 0 zugeführt.

Bei der folgenden Untersuchung stellte sich heraus, daß der 12 mm dicke Stahl des Vorwärmermantels an einigen Stellen derartig abgefressen war, daß die übliche Reparaturmethode (Ausschweißen der Rostgruben) nicht mehr angewendet werden konnte. Überdies hätte auch der gesamte Rohrsatz erneuert werden müssen.

Da nach den Erfahrungen der letzten Jahre vermutet wurde, daß dieser Schaden kein Einzelfall wäre, mußte man sich entschließen, alle 50.40 stillzulegen und im AW Schwerte gründlich zu untersuchen. Diese Aktion erschien notwendig, da die Vorwärmkessel auch unter dem normalen Kesseldruck betrieben wurden und so ein Undichtwerden gefährliche Folgen haben konnte. Zwischen Freitag, dem 20. und Sonntag, dem 22.10.61 wurden deshalb alle 50.40 der BD Münster abgestellt. Auch die Loks der BD Mainz wurden zu den genannten Terminen sofort außer Dienst gestellt und nach und nach dem AW Schwerte zugestellt.

Auch die Öllok 50 4011 wurde am 22.10.61 stillgelegt und

50 4009 (Bw Kirchweyhe), aufgenommen im Juli 1962 in der Einfahrt von Syke. Foto: Rolf Engelhardt.

Der Gußschornstein der 50.40 bestand aus mehreren, aneinandergeschraubten Teilen. Foto an 50 4023, aufgenommen von Wolfgang Fiegenbaum.

danach untersucht. Sie hatte noch am 16.10.61 eine planmäßige Zwischenuntersuchung L 2 mit umfangreichen Kesselarbeiten erhalten. Seitdem war sie erst ca. 1.000 km gelaufen. Schon am 16.11.61 kam sie deshalb als erste 50.40 wieder in Dienst und fuhr im Dezember 1961 wieder 8.000 km. Bei ihr brauchten die im Folgenden beschriebenen Arbeiten nicht ausgeführt werden, sondern es wurde lediglich ein um 570 mm gekürzter Rohrsatz in den Vorwärmkessel eingebaut, nachdem die vordere Rohrwand entsprechend versetzt worden war.

Durch die Verkürzung der Rohre, die bisher in die Rauchkammer 2 hineingeragt hatten, hoffte man eine Quelle des Lochfraßes auszuschalten. Entsprechend sollten auch alle anderen 50.40 umgebaut werden. Von vornherein wurde allerdings in Zusammenarbeit von Henschel und dem BZA Minden ein neuer, ebenfalls geschweißter Abhitzekessel entworfen, der größere Sicherheit gegen die bauartbedingten Schäden bieten sollte.

Von außen glich dieser Kessel dem alten, besaß allerdings den um 570 mm gekürzten Rohrsatz und war aus dickerem Material gefertigt. Verwendet wurden für den Mantel Blechplatten aus HIA-Stahl in einer Dicke (je nach Vorrat) zwischen 15 und 18 mm (meist jedoch 16 mm). Die 4434 mm x 2974 mm großen Platten wurden zum Mantel gebogen und dann verschweißt.

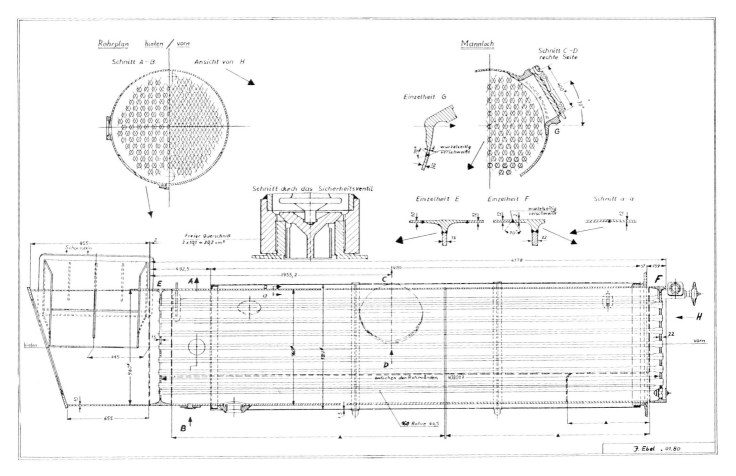

Verkürzter Vorwärmer der 50.40, Baujahr 1962, Hersteller AW Schwerte.

Der Kessel hatte folgende technische Daten:
Außendurchmesser: 960 mm
Rohrwände aus HI-Stahl DIN 17155
Rohrlänge zwischen den Rohrwänden: 4030 ± 2 mm
160 Heizrohre aus St 35.8 mit 44,5/39,5 mm Durchmesser
Heizfläche: 81 m^2
Wasserinhalt des kalten Vorwärmkessels 1,76 m^3
Gewicht des leeren Kessels ohne Ausrüstung
und ohne Rauchkammer: 3700 kg
Zulässiger Betriebsdruck: 18 kg/cm^2

Der Kessel war mit einer 26,5 mm dicken Wärmeisolierung versehen.

Um die Vorwärmkessel aus- und einbauen zu können, mußte natürlich auch der Hauptkessel vom Rahmen abgehoben werden, weil er mit dem Vorwärmkessel fest verschraubt war. Sonst wurde eigentlich nur bei einer Hauptuntersuchung L 3, die außer der 50 4001 keine 50.40 nach der Neubekesselung erhielt, der Kessel vom Fahrgestell abgehoben.

Die 30 50.40-Loks wurden zwischen dem November 1961 und dem Mai 1962 dem AW Schwerte zugeführt. Nur bei sechs Loks waren die Schäden an den Vorwärmern zu reparieren, so daß die Vorwärmer nach Ausschweißen der Rostgruben, Einschweißen neuer Rohrwände und Neuberohrung mit verkürzten Rohren wieder eingebaut werden konnten. Allerdings erhielten die Maschinen nicht wieder ihre Originalvorwärmer eingebaut, sondern sie wurden nach Schwerter Sitte wieder getauscht.

Im einzelnen waren dies folgende Loks:

Lok	erhielt am	den Vorwärmer der Lok
50 4027	26.1.62	50 4024
4026	5.2.62	4025
4023	12.4.62	4020
4030	25.4.62	4021
4018	4.5.62	4022
4016	8.5.62	4023

Angaben in anderen Veröffentlichungen, daß die Vorwärmerreparaturen von Henschel durchgeführt worden sind, müssen bezweifelt werden, da gleiche Ausbesserungen (vorher und nachher) immer vom AW Schwerte ausgeführt worden sind.

Bemerkenswert ist hier, daß die Vorwärmer der 50 4024 und 4025, die von Anfang an mit der Nalco-Dosiereinrichtung ausgestattet waren, weiterverwendet werden konnten. Dadurch wird deutlich, daß die Verwendung von Nalco AS-Pulver im Konzentratbehälter die Lebensdauer von Vorwärmerheizrohren und Vorwärmermantel deutlich verlängerte.

Für die beiden ersten auszubessernden Loks, die 50 4010 und 4012, wurden von Henschel zwei Vorwärmkessel der neuen Bauart geliefert (unter den Nummern 61/85388-2 und 61/85388-1). Die Loks wurden mit diesen Kesseln am 18.12. 61 (50 4010) und am 27.11.61 (50 4012) abgenommen, kamen also als erste umgebaute Loks wieder zum Einsatz.

Bescheinigung über die Abnahme des verkürzten Vorwärmerkessels von 50 4019. Sammlung Heinz Skrzypnik.

Deutsche Bundesbahn

Bescheinigungen
über die Abnahmeprüfung des Kessels *Abgasvorwärmer*

A. Bescheinigung über die Prüfung der Bauart und den Wasserdruckversuch des Kessels *Abgasvorwärmer*

Fabriknummer: **115**

Der für einen höchsten zulässigen Betriebsdruck von **18** kg/cm² (Überdruck) bestimmte, von **AW-Schwerte** in **Schwerte** im Jahre 19**62** gefertigte und mit der Fabriknummer **115** bezeichnete Kessel ist auf Bauart, Werkstoff und Ausführung in allen Teilen genau untersucht worden. Er ist von mir heute nach § 44 der Eisenbahn-Bau- und -Betriebsordnung mit einem Wasserdruck von **23,4** kg/cm² Überdruck geprüft worden. Beanstandungen haben sich nicht ergeben. Die Ausführung des Kessels stimmt mit der anliegenden „Beschreibung des Kessels" und der zugehörigen Kesselgenehmigungszeichnung überein.

Die Nieten, mit denen das Fabrikschild am Kessel befestigt ist, sind mit dem Stempel _____ versehen worden.

Schwerte, den **2. 5.** 19**62**

(Dienstsiegel)

Der Kesselprüfer

Anlage: Beschreibung mit Kesselgenehmigungszeichnung

B. Bescheinigung über die Prüfung der Sicherheitseinrichtungen

Die Besichtigung und die Erprobung der Sicherheitseinrichtungen, besonders der Speise- und Wasserstandseinrichtungen, Druckmesser und Sicherheitsventile in angebautem Zustand mit dem höchsten zulässigen Betriebsdruck gab keine Beanstandungen.

Die Kesselsicherheitsventile sind vorläufig eingestellt. Dabei beträgt die Höhe der Kontrollhülse _____ mm.

Die Kesselausrüstung stimmt mit der anliegenden Beschreibung des Kessels (Abschnitt C) überein.

Schwerte (Ruhr), den **14. Mai 1962** 19____

Der Kesselprüfer

Walther

TBA mtm

50 4031 neben der Alt-50 1866 im Bw Bingerbrück, 1964. Foto: Bernd Kappel.

50 4030 (Bw Oberlahnstein) ist schon mit dem vergrößerten Vorwärmermischkasten ausgerüstet. Aufnahme am 8.9.60 auf der rechten Rheinstrecke beim Block Bornhofen. Foto: Hans Schmidt.

Für die weiteren 22 Loks wurden durch das AW Schwerte entsprechend viele Vorwärmerkessel hergestellt (unter den Werksnummern 96/61-98/61 und 99/62-117/62). Die Loks erhielten folgende Vorwärmer und wurden am angegebenen Datum abgenommen:

50 4031	Vorwärmer 96	in Dienst ab 29.12.61
4024	97	15. 1.62
4002	98	18. 1.62
4025	99	25. 1.62
4009	100	30. 1.62
4014	101	5. 2.62
4006	102	7. 2.62
4028	103	15. 2.62
4015	104	15. 2.62
4029	105	20. 2.62
4008	106	27. 2.62
4003	107	1. 3.62
4004	108	8. 3.62
4005	109	12. 3.62
4007	110	14. 3.62
4013	111	22. 3.62
4020	112	26. 3.62
4021	113	2. 4.62
4022	114	6. 4.62
4019	115	16. 5.62
4017	116	24. 5.62
4001	117	25. 5.62

Aus den Daten wird deutlich, daß generell die Kirchweyher Loks zuerst ausgebessert wurden, danach die Osnabrücker und erst zum Schluß die wegen der fortschreitenden Elektrifizierung schon nicht mehr dringend benötigten Oberlahnsteiner Lok. Die letztgenannten wurden dann ja auch im Mai 1962 nach Bingerbrück umbeheimatet.

Zusammenfassung

Nach dem Vorwärmerwechsel führte die DB keine weiteren Versuche mit der 50.40 durch. Das noch ein Jahr vorher große Interesse an Verbesserungen des FC-Systems war erloschen, ebenfalls 1961 war der Fachausschuß Dampflokomotiven, der sich bisher sehr für die FC-Loks eingesetzt hatte, aufgelöst worden.

In Anbetracht der dauernd hohen Ausbesserungskosten, die einen Großteil der Kohleersparnis wieder aufzehrten, kam auch kein Umbau weiterer 50 in Betracht, weil schon damals abzusehen war, daß die Dampflok, und speziell die Br. 50, in der folgenden Zeit in untergeordnete Dienste abwandern würde. Dadurch wurden aber die 50.40 schlagartig unwirtschaftlich, weil sie spürbare Einsparungen hauptsächlich bei guter Auslastung, also hohen Kilometerleistungen erbringen konnte. Über diese Charakteristik der FC-Lokomotiven wurde schon berichtet. Bei der 50.40 war für einen wirtschaftlichen Einsatz eine Laufleistung von mindestens 80.000 km im Jahr notwendig. Auch in ihren besten Zeiten erbrachten die Loks nur gelegentlich solche Leistungen. Wäre es allerdings gelungen, die Kosten infolge Wasseraufbereitung und Rohrverschleiß deutlich zu drücken, wären wohl auch noch in den sechziger Jahren weitere Loks der Br. 50 umgebaut worden.

Auch der Umbau der 01 und 41 lief ja noch Anfang der sechziger Jahre.

Die 50.40 mit der absolut höchsten Kilometerleistung war die auch äußerlich durch ihren abweichenden Mischvorwärmerkasten auffallende 50 4003. Sie erreichte in ihren genau acht Betriebsjahren 535.000 km Gesamtlaufleistung. Das entspricht einer durchschnittlichen Jahresleistung von 66.875 km oder einer Monatslaufleistung von 5.573 km. Ihre höchste Laufleistung erreichte sie im August 1960 mit 12.000 km. Die größte Jahresleistung erbrachte 50 4020. Sie fuhr 1960 insgesamt 95.736 km. Die Öllok 50 4011 erreichte als bestes Ergebnis im Jahr 1964 82.000 km. In Oberlahnstein erreichten die Loks nur in der ersten Zeit Kilometerleistungen bis 10.000 km im Monat. Zur Bingerbrücker oder Hammer Zeit lagen die Maschinen weit unter den Leistungen der Loks der BD Münster.

Für das frühe Ausscheiden der 50.40 waren mehrere Gründe entscheidend:
1. Die Loks hätten spätestens 1968/69 eine Hauptuntersuchung L 3 erhalten müssen (die ab 1969 nicht mehr erteilt wurde).
2. Ein wirtschaftlicher Einsatz mit hohen Laufleistungen war in der zweiten Hälfte der sechziger Jahre nicht mehr möglich, weil die Einsatzstrecken der 50.40 zwischen 1966 und 1968 elektrifiziert worden waren. Mit der Aufnahme des elektrischen Betriebes zwischen Hamm und Osnabrück im Oktober 1966 waren die Loks (wie auch die gleichzeitig ausgemusterten 03.10) eines Teils ihrer wichtigsten Einsatzstrecke beraubt.
3. Ab ca. 1965 befand sich die Bundesrepublik in ihrer ersten anhaltenden Konjunkturkrise. Dem zurückgehenden Frachtverkehr auf der Schiene stand ein deutlicher Überhang an Güterzugloks gegenüber (damals wurden auch 44 und 50 massenweise ausgemustert).
4. Für die Endzeit der Dampflokomotive wollte die DB nur technisch einfache, in größeren Stückzahlen vorhandene Loks weiter unterhalten. Ein Zeichen hierfür ist die gleichzeitig mit der 50.40 begonnene Ausmusterung der Neubaulokomotiven 10, 23, 65, 66, 82.

Nebenstehende Seite:
Seite aus dem Betriebsbuch der 50 4013. So lapidar wurde die Ausrüstung mit dem neuen, verkürzten Vorwärmer aufgeführt. Sammlung Seewald.

1	2	3	4	5	6
Schad-gruppe (ohne L1)	ausgeführt im Ausbesserungswerk Bahnbetriebswerk	in der Zeit vom	bis	Ausgeführte Arbeiten**) (Hier sind auch die amtl. Untersuchungen zu bescheinigen)	Ausbesserungs-kosten (ohne Sonderarbeiten) im AW (ohne Bw)***
Lo	Schwerte (Ruhr)	17/8.61	30/8.61	**L0 Bedarfsausbesserung** 160 Rohre im Rauchgasvorwärmer gewechselt. Reglerkennrohr u. Ventilregler wachgst. *Bundesbahn-Ausbesserungswerk Schwerte (Ruhr) Kesselschmiede-Abteilung*	
Lo	Schwerte (Ruhr)	6/3.62	22/3.62	**L0 Bedarfsausbesserung** Undichtigkeiten am Stek. u. Langkessel beseitigt. Der Rauchgasvorwärmer wurde um 560 m/m gekürzt. Mantel erneuert. In der hinteren Rohrwand 1 neuen Rohrspiegel eingeschweißt. In der vorderen Rohrwand 1 Waschluke neu. 1 Sicherheitsventilflansch erneuert. 160 Heizrohre im Rauchgasvorwärmer gewechselt. *Bundesbahn-Ausbesserungswerk Schwerte (Ruhr) Kesselschmiede-Abteilung*	
Lo	Schwerte (Ruhr)	29/6.62	10/7.62	**L0 Bedarfsausbesserung** 39 Heiz- u. 24 Rauchrohre vorgeschühlt und mit Spiel eingebaut. Undichtigkeiten beseitigt. Ventilregler wachgst. Gestra gewechselt. *Bundesbahn-Ausbesserungswerk Schwerte (Ruhr) Kesselschmiede-Abteilung*	

In ganzer Länge: 50 4013 im Mai 1963 in ihrem Heimat-Bw Osnabrück Rbf. Auf diesem Foto ist zu sehen, warum häufig die Kohleabdeckklappen nicht geschlossen werden konnten: Der Kohlekasten ist übervoll gekippt, ein Teil der Kohlen liegt sogar auf dem Wasserkasten an den Langhubzylindern, mit denen eigentlich die Klappen geschlossen werden sollten. Foto: Jürgen Munzar.

Kesselausbesserungen der 50 4013

27. 2.-13. 3.60
Mischvorwärmer nach Zeichnung Fld 25.310 SK 1 geändert. 18 Stiftschrauben am FC-Vorwärmer gewechselt.

12. 1.-31. 1.61
Undichtigkeiten am Kessel beseitigt, Ventilregler und Armaturen wiederhergestellt, 24 Rohre am FC-Vorwärmer gewechselt.

17. 8.-30. 8.61
160 Rohre des FC-Vorwärmers gewechselt. Reglerknierohr und Ventilregler wiederhergestellt.

6. 3.-22.3.62
Undichtigkeiten am Steh- und Langkessel beseitigt. Der FC-Vorwärmer wurde um 560 mm gekürzt, der Mantel erneuert. In der hinteren Rohrwand ein neuer Rohrspiegel eingeschweißt. In der vorderen Rohrwand eine Waschluke neu. Ein Sicherheitsventil-Flansch erneuert, 160 Heizrohre im FC-Vorwärmer erneuert.

29. 6.-10. 7.62
39 Heiz- und 24 Rauchrohre vorgeschuht und mit Spiel eingebaut. Undichtigkeiten beseitigt. Ventilregler wiederhergestellt. Gestra-Abschlammventil gewechselt.

10. 4.- 2. 5.63
39 Heiz- und 24 Rauchrohre vorgeschuht und mit Spiel eingebaut. Undichtigkeiten am Kessel beseitigt. Ventilregler, Speiseventil, Eichdruckwasserhahn, Wasserstände und Gestra wiederhergestellt. Im FC-Vorwärmer sämtliche Rohre gewechselt. Rostgruben ausgeschweißt. Anlagering hinten erneuert.

4.10.-23.10.63
Risse in der Rauchkammer geschweißt. Undichtigkeiten am Kessel beseitigt. Ventilregler und Armaturen wiederhergestellt. Im FC-Vorwärmer 18 Rohre gewechselt.

9. 3.- 5. 4.64
Ventilregler getauscht.

23.10.-28.10.64
39 Heiz- und 24 Rauchrohre gewechselt. Undichtigkeiten am Kessel beseitigt. Reglerknierohr, Ventilregler und Gestra-Ventil wiederhergestellt. Im FC-Vorwärmer 160 Rohre getauscht, Rostgruben ausgeschliffen.

7.12.-30.12.64
Stehkesselvorderwand und unten Lukenfutter gewechselt.

29.10.-17.11.65
170 Stehbolzenkontrollöcher aufgebohrt. 39 Heiz- und 24 Rauchrohre gewechselt. Rauchkammermantel oben und unten Verstärkungsbleche eingeschweißt und Risse ausgeschweißt. Im Vorwärmer 15 Rohre gewechselt. Rauchkammertür und Türen am Vorwärmer angerichtet. Reglerknierohr und Ventilregler wiederhergestellt. 2 Gestraventile gewechselt.

Z ab 18.11.66

Ergänzung dazu: Ein vollständiger Rohrwechsel im Vorwärmer wurde nach sehr unterschiedlichen Laufleistungen fällig:

1. kompletter Wechsel nach 219.000 km (!)
2. " " " 13.000 km (Vorwärmer neu)
3. " " " 79.000 km
4. " " " 90.000 km

Gesamtlaufleistung: 444.000 km in 8 Jahren = 55.500 km/Jahr.

Nebenstehend:
Monatsnachweis über Verwendung, Leistung, Ausbesserungskosten und Stoffverbrauch im Bw für 50 4019. Die Lok war seit der Indienststellung bis zum 28.4.59 beim Bw Kirchweyhe, danach beim Bw Oberlahnstein und seit dem 23.5.62 in Bingerbrück. Seit dem 19.7.64 war sie dann in Hamm. Während die Loks in Oberlahnstein bis zur vorläufigen Abstellung im Oktober 1961 hohe Laufleistungen erbrachten, fallen die Leistungen nach der Umbeheimatung nach Bingerbrück stark ab. Betriebsbuch: Sammlung Heinz Skrzypnik.

Monatsnachweis über Verwendung, Leistung, Ausbesserungskosten und Stoffverbrauch im Bw

Kleinlok Diesellok Ellok Dampflok Nr **50 4019**

10	11	12	13	14	15	16	17	18	19	20	21	22	23	24	25	26	27	28	29	30	31	32
				das Triebfahrzeug war							Abstelltage			Leistung im Monat			Ausbesserungskosten der Schadgruppe 1 in DM		Batterieunterhaltungskosten im Monat	Brennstoff- und Energieverbrauch im Monat		
						schadhaft																
Jahr und Monat	im Dienst	kurzzeitig unbenutzt	In Reserve	an Dritte vermietet	in Ausbesserung im BW	wartet auf Ausbesserung im BW	in Ausbesserung im AW		wartet auf AW-Ausbesserung	von der Ausbesserung zurückgestellt	angefallen Summe Sp 12 u 13 u Sp 15 bis 20	von Sp 21 sind anrechnungsfähig	insgesamt seit der letzten HU oder ZU	1000 Leistungstonnenkm ohne Kleinlok Betriebsstunden bei Kleinlok	Kilometer	Kilometer (Betriebsstunden bei Kleinlok) seit der letzten HU oder ZU	im Monat	insgesamt seit der letzten HU oder ZU	in DM	Kohle in t / Kraftstoff in l*) / Energie in kWh	10³ Ltkm / 10³ Ltkm / kWh 10³ Ltkm	Bemerkungen
	j	k	r	v	b		x		h				w									
1959																						
Januar	6	7			3							10	10	910	1488	1488	685	685		28,99	31,86	
Februar	25	2			1							3	13	4940	5604	7092	885	1570		89,90	18,20	
März	23	6			2							8	21	4795	5809	12901	1626	3196		94,76	19,76	
April	11	17										17	35	3985	3724	16625	311	3507		58,78	14,25	
April	2													769	594	17219	-	3507		5,00	-	
Mai	29				2							2	40	9163	8099	25318	1432	4939		127,90	13,96	
Juni	29	1										1	41	12690	10841	36159	1607	6546		163,10	12,96	
Juli	30	1										1	42	12082	10993	47152	1403	7949		162,30	13,43	
August	31													13346	11700	58852	1991	9940		175,50	13,15	
September	20				2					8		10	52	7331	6426	65278	2018	10958		104,80	14,30	
Oktober	3				1		19		8			28	80	867	924	66202	352	11310		13,40	-	
November	29	1										1	81	12243	10352	76554	736	12046		165,85	13,55	
Dezember	27				4							4	85	10358	9215	85769	2246	14292		158,10	15,26	
1960																						
Januar	29	2										2	87	11429	10143	95912	1407	15699		178,20	15,59	
Februar	27	1			1							2	89	11636	10283	106195	1534	17233		184,40	15,85	
März	30				1							1	90	11393	10262	116457	2449	19682		168,40	14,75	
April	26	2			2							4	94	9865	8770	125227	994	20676		157,48	15,96	
Mai	25				6							6	100	7565	6756	131983	2004	22680		110,80	14,65	
Juni	27	2			1							3	103	11227	9854	141524	2631	25311		143,80	12,81	
Juli	25	2			4							6	109	8944	7685	149209	2638	27949		128,30	14,34	
August	13				4		14					18	127	4353	3822	153031	3154	31103		60,50	13,90	
September	28				2							2	129	13389	10739	163770	1866	32969		191,30	14,29	
Oktober	25				6							6	135	10874	8548	172318	2612	35581		146,50	13,47	
November	22	5			3							8	143	4211	4380	176698	856	36437		83,40	19,81	
Dezember								8		2		23	166									
13-42	543	49			45		14		40	18		166		197763	176698		36437			8901,46		

1960																						
Dezember	8													1798	2188	2188	290	290		36,30	20,19	
1961																						
Januar	31													12156	10488	12676	1827	2117		175,70	14,45	
Februar	25				3							3	3	10145	8804	21480	1937	4054		144,10	16,37	
März	26	2			1		2					5	8	10248	9738	31218	1084	5138		158,10	16,20	
April	10	3					13		4			20	28	3345	2857	34075	960	6098		47,40	16,59	
Mai	26	3			1		1					5	33	11192	8889	42964	77	6175		147,70	16,25	
Juni	29	1										1	34	10806	9222	52186	938	7113		139,30	15,11	
Juli	31													12808	9980	62166	1147	8260		171,20	17,15	
August	29	2										2	36	9866	8334	70500	1687	9947		152,50	18,30	
September	30													11286	9898	80398	1179	11126		172,80	17,46	
Oktober	17	3			1				10			14	50	5430	4333	84731	2158	13284		73,26	16,91	
November							30					30	80									
Dezember							31					31	111									
1962																						
Januar							31					31	142									
Februar							28					28	170									
März							31					31	201									
April							14		16			30	231									
Mai	6	1			1		14					16	247	1476	1377	86118				27,10	18,36	
Mai	9													726	1459	87577				35,67	-	
Juni	25	3			2							5	252	2813	4186	91763				73,80	33,4	
Juli	29	2										2	254	3631	6397	98160				102,80	28,3	
August	25	5			1							6	260	2643	5012	103172				84,80	32,1	
September	25	4			1							5	265	2540	4562	107734				89,20	31,6	
Oktober	28				1				2			3	268	2810	5219	112953				96,20	34,2	
November	11	1					13		5			19	287	1118	2463	115416				41,60	37,21	
Dezember	26	4										5	292	2756	5267	120683				103,70	37,63	
1963																						
Januar	26	4			1							5	297	1652	4314	124997				95,70	59,75	
Februar	27	1										1	298	2565	4140	129137				98,70	35,58	
März	25	2			1							3	301	2217	4222	133359				79,90	36,04	
April	27	2										3	304	2827	5127	138486				94,20	33,32	
Mai	13				1				17			18	322	1239	2252	140738				44,80	36,16	
Juni							8		22			30	352									
Juli	14	4			1		12					17	369	1050	2290	143028				43,30	41,24	
August	27	3			1							4	373	3048	4680	147708				87,10	28,58	
September	30													5401	6039	153747				118,30	21,90	
zu übertragen	638	50			19		77		227			373		137670		153747				2789,23		

Bemerkung: Bei Zuführung eines Fahrzeugs zum AW sind die Bw-Kosten, soweit hierzu der Gemeinkostenzuschlag noch nicht bestimmt ist, mit dem zuletzt gültigen Gemeinkostenzuschlag zu berechnen.
*) Bei Dieseltriebfahrzeugen nur Kraftstoffverbrauch für die Antriebsanlage ohne Brennstoffverbrauch für Heizung.

Monatsnachweis über Verwendung, Leistung, Ausbesserungskosten und Stoffverbrauch im Bw

Kleinlok Diesellok Ellok Dampflok Nr **50 4019**

10	11	12	13	14	15	16	17	18	19	20	21	22	23	24	25	26	27	28	29	30	31	32
					das Triebfahrzeug war						Abstelltage			Leistung im Monat			Ausbesserungskosten der Schadgruppe 1 in DM		Batterieunterhaltungskosten im Monat in DM	Brennstoff- und Energieverbrauch im Monat		
							schadhaft							1000 Leistungstonnenkm ohne Kleinlok Betriebsstunden bei Kleinlok	Kilometer	Kilometer (Betriebsstunden bei Kleinlok) seit der letzten HU oder ZU				Kohle in t	t / 10³ Ltkm	
Jahr und Monat	im Dienst	kurzzeitig unbenutzt	in Reserve	an Dritte vermietet	in Ausbesserung im BW	wartet auf Ausbesserung im BW	in Ausbesserung im AW		wartet auf AW-Ausbesserung	von der Ausbesserung zurückgestellt	angefallen Summe Sp 12 u 13 u Sp 15 bis 20	von Sp 21 sind anrechnungsfähig	insgesamt seit der letzten HU oder ZU				im Mona:	Insgesamt seit der HU oder ZU		Kraftstoff in l*)	l / 10³ Ltkm	Bemerkungen
																				Energie in kWh	kWh / 10³ Ltkm	
	l	k	r	v			x		h	w			z									
Übertrag	638	50			19		77			224	373			137670		153742				2729,23		
1963																						
Oktober	29	1			1						2		375	4244	5904	159 651				106,50	25,09	
Novemb	25	4			1						5		380	3803	5364	165 015				105,60	29,77	
Dezemb	25	5			1						6		386	2433	4499	169 514				86,60	35,59	
1964																						
Januar	24	3			4						7		393	2386	3616	173 130				75,60	31,68	
Februar	23	5			1						6		399	2727	4310	177 440				98,66	30,84	
März	15	7			1		8				16		415	916	1883	179 323				29,80	32,53	
April	15	6			1		8				15		430	1793	2953	182 576				54,60	30,45	
Mai	26	4			1						5		435	3964	5079	187 355				96,60	24,37	
Juni	12	17			1						18		453	1401	2235	189 590				39,90	28,48	
Juli	9	4					9			9	22		475	984	1741	191 331				28,40	31,10	
August							11				11		486									
22-22	841	106			31	16	97			236	486			162 321		191 331				3451,49		
1964																						
August	18	2									2	2		4304	4125	4 125				15,35	17,04	
Septemb	25	2			3						5	7		6390	5645	9 770				99,96	15,64	
Oktober	28	2			1						3	10		6552	6891	16 661				130,03	18,97	
Novemb	19	3			5	3					11	21		5288	4626	21 287				91,12	19,23	
Dezemb	24	6			1						7	28		5015	5318	26 605				109,36	20,50	
1965																						
Januar	22	7			2						9	37		4640	5125	31 730				101,47	21,92	
Februar	23	3			2						5	42		4309	4332	36 062				94,69	21,97	
März	23	6			2						8	50		5194	5373	41 435				106,24	20,45	
April	22	6			2						8	58		4421	4830	46 265				92,70	20,96	
Mai	23	4			4						8	66		5392	5018	51 283				92,24	17,01	
Juni	18	6			6						12	78		3223	3460	54 743				65,37	20,28	
Juli	20	5								6	11	89		4254	4254	59 497				80,69	18,96	
August	3	2			1		22			3	28	117		317	573	60 070				8,28		
Septemb	8	2				15				5	22	139		2187	2177	62 247				41,44	18,94	
Oktober	24	2			2						7	146		5817	5638	67 885				101,51	17,45	
Novemb	24	4			2						6	152		4731	4957	72 842				104,90	21,53	
Dezemb	24	5			2						7	159		5567	5729	78 571				118,77	24,33	
1966																						
Januar	23	7			1						8	167		6376	6225	84 796				134,38	21,07	
Februar	21	6			1						7	174		4596	4743	89 539				97,70	21,25	

Fortsetzung siehe Ueberwachungskarte

Bemerkung: Bei Zuführung eines Fahrzeugs zum AW sind die Bw-Kosten, soweit hierzu der Gemeinkostenzuschlag noch nicht bestimmt ist, mit dem zuletzt gültigen Gemeinkostenzuschlag zu berechnen.
*) Bei Dieseltriebfahrzeugen nur Kraftstoffverbrauch für die Antriebsanlage ohne Brennstoffverbrauch für Heizung.

50 4020 (Bw Hamm) nebelt sich an einem regnerischen Novembertag des Jahres 1965 selbst ein, Aufnahme in Hamm. Foto: Klaus-D. Holzborn.

Mit Volldampf: 50 4016 verläßt Hamm mit einem Güterzug in Richtung Hannover, September 1965. Foto: Ludwig Rotthowe.

50 4026 im Heimat-Bw Kirchweyhe im Juli 1966. Zeitweise war diese Lok nach Rahden verliehen, sie hatte deshalb seit 1965/66 ein Läutewerk auf dem Umlaufblech. Foto: Jürgen Munzar.

Betriebsbogen der 50 4019. Im zweiten Erhaltungsabschnitt sind die Laufleistungen deutlich kleiner. Betriebsbuch: Sammlung Heinz Skrzypnik.

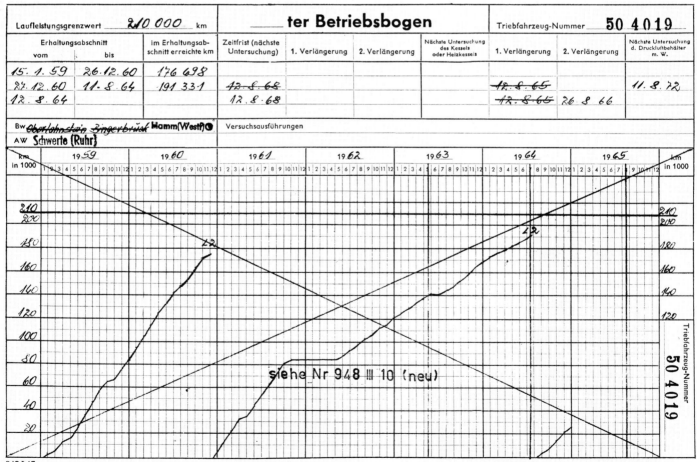

50 4025 leistet der Öllok 41 347 Vorspanndienste vor einem Güterzug. Aufnahme im Oktober 1963 in Bremen Hbf.

Der Fotograf wartete auf seinen Personenzug – doch dann kam 50 4029 mit einem Güterzug. Foto in Dreye im Mai 1962. Fotos: Rolf Engelhardt.

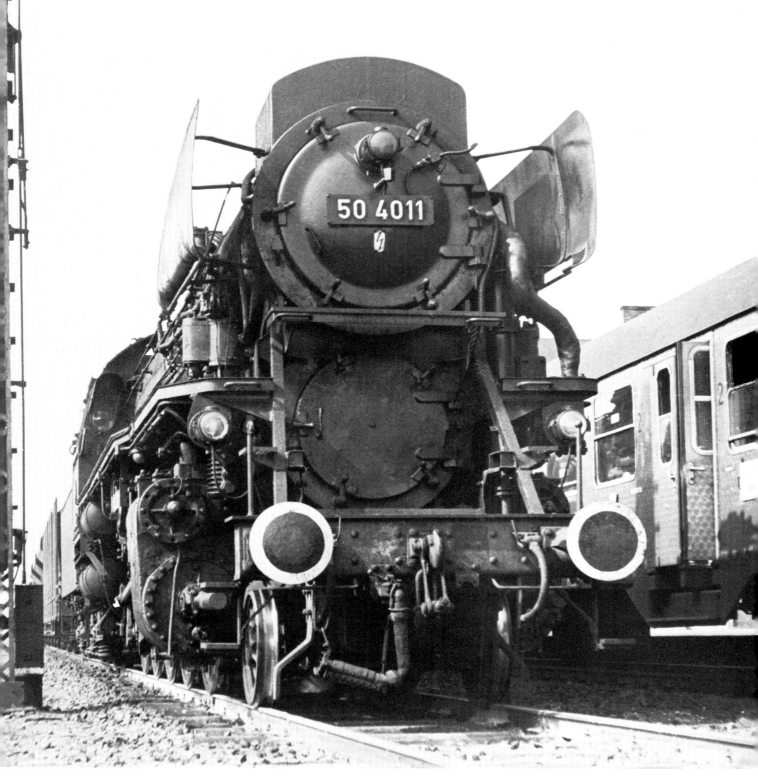

Die Superdampflok 50 4011

Im Jahr 1959 gab die DB für die Befeuerung ihrer Dampflokomotiven insgesamt über 600 Millionen DM aus. Dabei kostete die Erzeugung von 1 Million Kilokalorien (auch bezeichnet als Gcal = Gigakalororie) Wärme aus Kohle 9,14 DM. Der Preis für schweres Heizöl erlaubte hingegen die Erzeugung derselben Wärmemenge für nur 7,19 DM.

Schon vor 1959 hatte die DB deshalb angefangen, eine Reihe von besonders hoch ausgelasteten Dampflokomotiven mit einer Öl-Hauptfeuerung auszurüsten. Was lag also näher, als auch bei der 50.40, die ja den normalen Dampfloks thermisch ohnehin weit überlegen war, eine Ölfeuerung zu erproben?

50 4011 mit einem Güterzug in Twistringen am 1.8.62. Foto: Bernd Kappel.

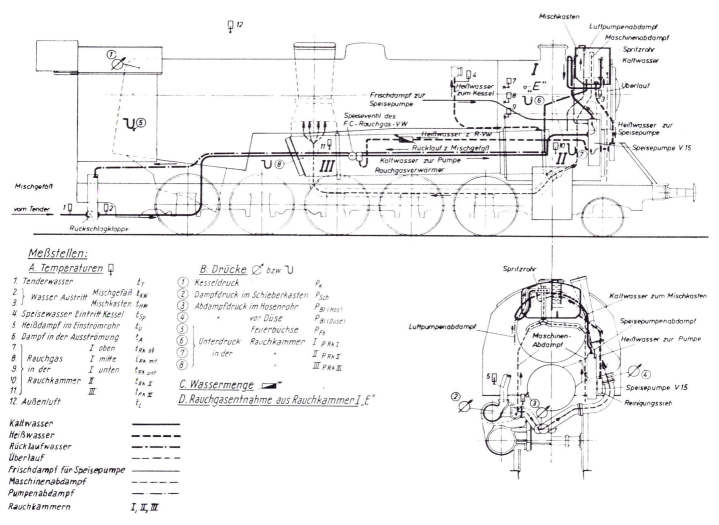

Anordnung der Meßstellen bei den Versuchsfahrten mit 50 4011.

An der Tankstelle: 50 4011 wird im Bw Osnabrück Hbf "beölt". Wie die übrigen Ölloks der DB erhielt sie später zusätzliche Tankstutzen, die das Betanken vom Boden aus erlaubten. Noch zum Aufnahmezeitpunkt, im April 1962, war die Lok mit ihrem ursprünglichen Blechschornstein ausgerüstet. Foto: Jürgen Munzar

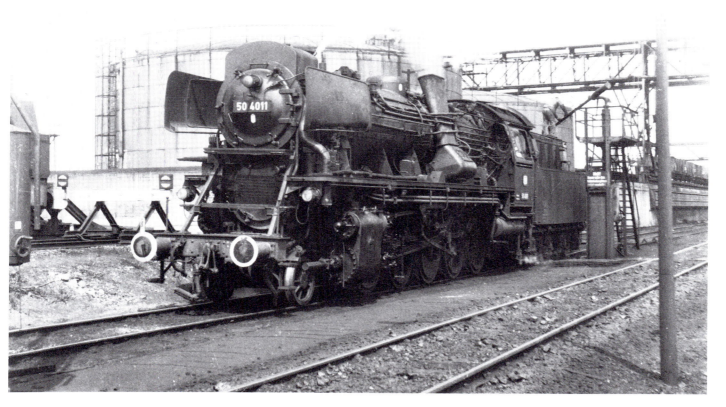

Charakteristisch bei der Wahl von Heizöl als Brennstoff ist die höhere Abgastemperatur gegenüber der Kohle. Gesamtwirtschaftlich schlägt diese höhere Temperatur aber noch nicht einmal schädlich (als Verlust) zu Buche, weil die Überhitzungstemperatur des Dampfes ebenfalls steigt. Somit stand bei 50 4011 auch schon im Teillastbereich bei den Versuchsfahrten ständig sehr hoch überhitzter Dampf zur Verfügung, was die Wirtschaftlichkeit der Lok erhöhte. Die Überhitzung war derartig gut, daß eine Rückkühleinrichtung eingebaut werden mußte, weil gelegentlich der Heißdampf eine Temperatur von 440°C überschritt (ab ca. 430°C verlieren auch die Heißdampfschmieröle ihre Viskosität). Mit der Rückkühleinrichtung konnte in den überhitzten Dampf hinter dem Überhitzer stark erwärmtes Wasser aus dem FC-Vorwärmer eingespritzt werden. Durch die Nachverdampfung sank die Temperatur dann schnell auf das gewünschte Maß von 420-430°C.

Ein Nebeneffekt der höheren Gastemperaturen des Öls war auch eine höhere Temperatur in Rauchkammer 3 und Schornstein. Dies war erwünscht. Weil meist im Öl der Schwefelanteil größer ist als in der Kohle, wären die gasseitigen Korrosionsschäden infolge von Taupunktunterschreitungen in Schornstein und Rauchkammer schwerer. Im allgemeinen lagen die Gastemperaturen im sicheren Bereich über dem Taupunkt. Ein äußeres Anzeichen hierfür war auch, daß 50 4011 noch im Sommer 1962 (als einzige 50.40) mit ihrem ursprünglichen Blechschornstein ausgerüstet war.

Die Speisewassertemperaturen vor dem Hauptkessel lagen schon im unteren Leistungsbereich bei über 150°C, allgemein lagen sie 20°C höher als bei der 50 4001. Beeindruckend ist auch der folgende Vergleich: Bei Kesselnennlast lag die Speisewassertemperatur bei 180°C, also der doppelten Temperatur gegenüber dem Mischvorwärmer. Beachten Sie hierzu auch das Diagramm der Dampf-, Wasser- und Rauchgastemperaturen.

Bemerkenswert war auch die sehr vollständige und raucharme Verbrennung des Öls. Bei richtiger Einstellung von Brenner und Luftklappen war im gesamten Leistungsbereich ein rauchfreies Fahren möglich!

Der Brennstoffverbrauch lag in seinen günstigsten Werten bei 0,68 kg/PS/E (bei 9600 Wärmeeinheiten des Öls), der spezifische Dampfverbrauch lag nicht zuletzt wegen der guten Überhitzung bei 6 kg/PS/h.

Kessel und Vorwärmer waren wie bei den anderen 50.40 vollisoliert. Erstmals wurden bei dieser Baureihe die Ergebnisse der Isolierung einzeln gemessen: Der Verlust infolge Abkühlung lag nur noch bei 1-2%!

Der Kesselwirkungsgrad wies die Lok als großen thermischen Erfolg aus: Schon bei halber Last überstieg der Kesselwirkungsgrad 90% und hatte dann einen sehr flachen, fast gleichbleibenden Verlauf. Noch bei einer Überlast von 20% hatte die Lok einen Kesselwirkungsgrad von 88%. Auch diese Kurve ist als Grafik dargestellt. Aufschlußreich sind hier auch die Kurven der Vergleichsloks. Die Richtigkeit des Konzepts FC + Öl wird in der Grafik eindrucksvoll deutlich.

Die Charakteristik der FC-Loks, bei besonders hoher Auslastung infolge des großen Wärmeangebotes aus den Abgasen besonders sparsam zu sein, versprach in Verbindung mit der Ölfeuerung noch eine weitere Steigerung der Sparsamkeit und spezifischen Leistung. Überdies konnten durch die Ölfeuerung die sogenannten Stillstandsverluste geringer gehalten werden, weil eine Öllok bekanntlich ohne Feuer — also eingeschalteten Brenner — abgestellt werden kann.

Schon bei Auftragserteilung für die Serien-50.40 wurde deshalb auch ein Kessel in Auftrag gegeben, der für den Einbau einer Ölfeuerung vorbereitet sein sollte. Nachdem die vorgesehene Lok 50 4011 im AW Schwerte ihren Neubaukessel erhalten hatte, wurde sie deshalb im November 1958 nach Henschel in Kassel überführt. Dort wurde sie bis zum Mai 1959 mit einer Ölhauptfeuerung, die der Bauausführung der Feuerungen von 01.10, 41, 44 entsprach, ausgerüstet. Gleichzeitig erhielt sie als erste 50.40 den vergrößerten Mischkasten des MV'57. Das Schema der Ölfeuerung ist in der Zeichnung dargestellt. Auf die Funktion der Ölfeuerung braucht hier nicht weiter eingegangen zu werden, weil viele Eisenbahnfreunde sich in den letzten Jahren der Rheiner 042 und 043 noch persönlich über die Funktion informieren konnten. Nur soviel: Auch 1959 wurden die Öllocks schon mit schwerem Heizöl befeuert, das erst im Tender auf eine Temperatur von ca. 70°C vorge-

50 4011, aufgenommen 1961 im Bw Osnabrück Hbf. Zu Reparaturzwecken ist die untere Rauchkammertür geöffnet. Vielleicht waren schon wieder einige Rohre undicht? Foto: Bernd Kappel.

wärmt werden mußte, um dünnflüssig zu werden. Dieses schwere Heizöl ist ein Abfallprodukt und entsteht beim "Cracken", also beim Aufspalten des Rohöls in verschiedene Brennstoffe und chemische Grundstoffe.

Ab Ende Mai 1959 wurde 50 4011 als bis dahin wohl modernste DB-Dampflok beim BZA Minden ausgiebig getestet. Sie war übrigens die letzte neu entwickelte Dampflok, die in Minden getestet wurde. Zwar ging mit 23 105 erst ein halbes Jahr nach Ablieferung der 50 4011 die Dampflokbeschaffung endgültig zu Ende, der 50 4011 gebührt aber durch die Gesamtheit ihrer neuzeitlichen Konstruktion das Prädikat, den Schlußpunkt in der bundesdeutschen Dampflokentwicklung zu setzen.

Ihren besten Wirkungsgrad erreichte die 50 4011 mit 9,75% bei 35-50 km/h und einer Leistung von 850-1000 Zughaken-PS. Auch bei 1350 PS und einer Geschwindigkeit von 60 km/h hatte sie immer noch einen Wirkungsgrad von mehr als 9%.

Zughakenleistung und Verbrauch entsprachen ungefähr der Baumusterlok 50 4001. In der Grafik "Leistungscharakteristik" wird dies deutlich. Die geringfügig größere PS-Leistung der 50 4001 ist aus dem größeren Dampfverbrauch für Eigenaggregate (Ölvorwärmer) der 50 4011 zu erklären. Trotzdem war die Öllok wesentlich einfacher zu fahren, weil die erhebliche Überlastbarkeit des FC-Kessels handwerklich natürlich viel besser mit dem Öl-Brenner ausgenutzt werden konnte.

Ein Umbau der übrigen 50.40 ist wohl aus zwei Gründen unterblieben: Einmal wollte man in die Loks nicht weiteres Geld investieren, bevor man das Korrosionsproblem im Griff hatte, zum zweiten vermutete man nicht zu Unrecht, daß während des Strukturwandels gerade die Br. 50 "auf die Dörfer" abwandern würde und nicht die für die Wirtschaftlichkeit der Ölfeuerung nötigen hohen Kilometerleistungen erbringen würde.

Tatsache ist jedenfalls, daß die 50 4011, wenn sie nicht schadhaft war, im Einsatzbereich der 41 ÖL mithalten konnte. Nur traute nicht jeder Lokführer einer so zierlichen Lok eine derartige Leistungsreserve zu.

Mitte der sechziger Jahre wurde der Öltender der Lok noch umgebaut und wie die anderen Öltender mit zwei zusätzlichen Tankstutzen in Höhe des hinteren Werkzeugkastens ausgerüstet. Damit wurde auch die Betankung vom Erdboden möglich, eine Forderung, die wegen der zunehmenden Elektrifizierung aufgetaucht war. Zumindest 1964/65 wollte man sich also noch nicht von der 50 4011 trennen. Trotzdem wurde sie, nachdem sie letztmals im Januar 1966 eingesetzt worden war (3.000 km) am 4.8.66 z-gestellt. Somit war sie die erste ölgefeuerte Lok der DB, die aufs Abstellgleis geschoben wurde.

50 4011 im Sommer 1962 mit einem Güterzug in voller Fahrt bei Kirchweyhe. Typisch für sie war der fast rauchfreie Betrieb. Auf dem Führerhausdach fehlt bereits das Rauchleitblech. Foto: Rolf Engelhardt.

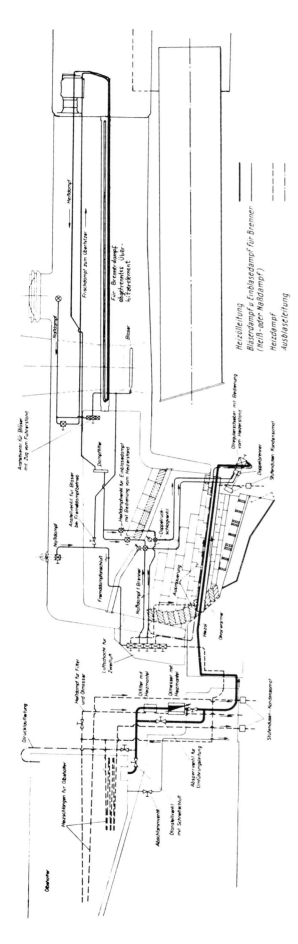

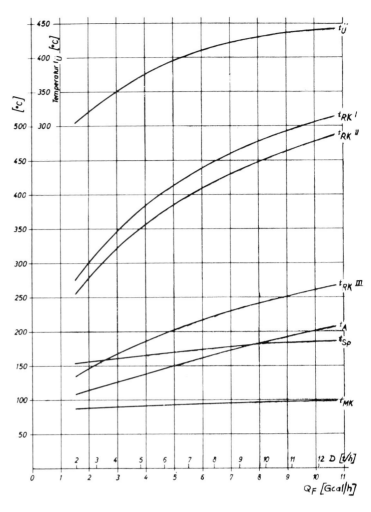

Dampf-, Wasser- und Rauchgastemperaturen.

t ü = Temperatur Überhitzer
t RK I = Temperatur Rauchkammer I (II, III entsprechend)
T A = Temperatur Abdampf
t sp = Temperatur Speisewasser
T mk = Temperatur im Mischvorwärmerkasten
D (t/h) = Dampferzeugung pro Stunde in Tonnen
Q f = Gigakalorien pro Stunde (Wärmeeinheiten Brennstoff)

Die Speisewassertemperaturen lagen schon bei geringen Leistungen bei über 150°C, durchschnittlich lagen sie um 20°C höher als bei 50 4001. Die sehr hohe Temperatur in Rauchkammer I war charakteristisch für ölgefeuerte Lokomotiven. Die Temperatur der Rauchgase lag überwiegend über dem Taupunkt.

⟵

Schema der Ölfeuerung von 50 4011

Mit Volldampf im Versuchseinsatz: 50 4011 verläßt Osnabrück mit dem Meßzug des BZA Minden in Richtung Bremen am 19.6.59. Als Bremslok fungiert 45 010. 50 4011 war ab Werk schon mit dem vergrößerten Mischvorwärmerkasten ausgerüstet. Foto: Bernd Kappel.

Öllok 50 4011 am 18.6.59 in Osnabrück. Die Lok hat gerade vom Meßzug abgesetzt, die Meßkabel hängen am Tender. Gut zu sehen ist hier das Rauchleitblech auf dem Führerhausdach, das im Sommer 1962 entfernt wurde (nur bei 50 4011!). Der Öltender entsprach der üblichen Ausführung der DB. Gegenüber dem Tender ist auch das höhergelegte Führerhaus gut zu sehen. Foto: Peter Konzelmann.

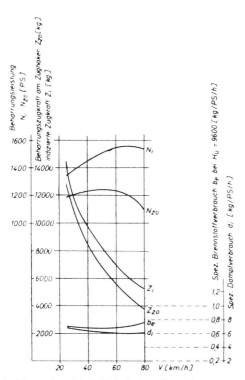

Die Leistungscharakteristik bei einer Dampferzeugung von 10 t pro Stunde.

Der spezifische Dampfverbrauch lag wegen der guten Überhitzung bei nur 6 kg/PS/h. Der Brennstoffverbrauch lag in seinen günstigsten Werten bei 0,68 kg/ PS/E (bei 9600 Wärmeeinheiten des Öls).

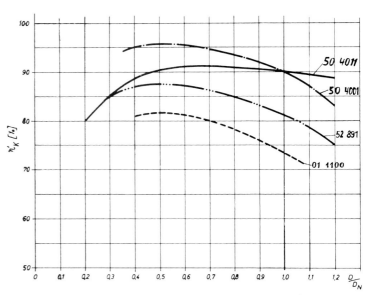

Kesselwirkungsgrade der 01 1100, 50 4001, 50 4011, 52 891.

Beachtlich ist der breite Buckel bei 50 4011 im hohen Leistungsbereich, hier werden die Vorteile der Ölfeuerung bei großen Leistungen besonders deutlich.

Im unteren Leistungsbereich wirkt sich der größere Verbrauch der Hilfsbetriebe (z.B. Ölvorwärmer) der 50 4011 gegenüber der Kohlegefeuerten 50 4001 ungünstig aus.

Bemerkenswert ist auch das schlechte Abschneiden der ölgefeuerten 01 1100 (Heinl-MV) gegenüber der 52 891 (Heinl-MV).

Rauchgastemperaturen der Loks 01 1100, 50 4001, 50 4011, 52 891. Bei den FC-Loks wurde die t RK in der Rauchkammer III gemessen.

Typisch für Öllocks war der starke Anstieg der Rauchgastemperaturen bei hohen Leistungen. Bei 50 4011 mußte die Rauchgastemperatur relativ hoch ausfallen, um bei niedrigen Leistungen nicht den Taupunkt zu unterschreiten.

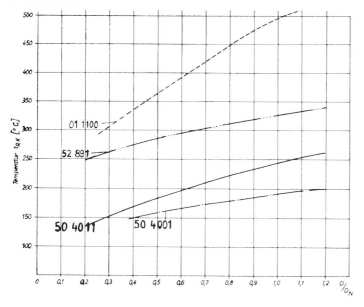

Leistungscharakteristik der 01 1100, 50 4001, 50 4011, 52 891.

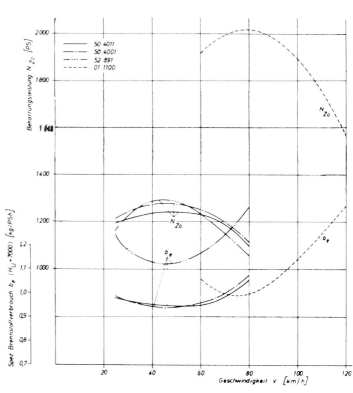

Beheimatungsgeschichte

Bw Minden/Versuchsanstalt Minden

Als erste Franco-Crosti-Lok der DB wurde am 30.12.1950 die 42 9000 von Henschel angeliefert. Die Lok wurde zunächst eingehend bei der Versuchsanstalt des BZA Minden/Westf. erprobt und untersucht. Ab 13.1.1951 wurde sie auch schon buchmäßig beim Bw Minden stationiert, obwohl ihre Endabnahme erst am 3.2.1951 erfolgte. Bereits neun Tage vorher (25.1.51) war von Henschel die 42 9001 geliefert worden. Nach ihrer Abnahme am 8.2.1951 kam auch diese Lok zum Bw Minden.

Beide Loks hatten ein umfangreiches Versuchsprogramm zu absolvieren. Als Vergleichsobjekte standen die nach dem Zweiten Weltkrieg gebauten Vorwärmerversuchsloks 52 124-143 des Bw Minden und 52 875-888 des Bw Löhne zur Verfügung. Die 42.90 liefen daher auch häufig in den Plänen der 52 des Bw Minden, wobei hauptsächlich Güterzüge auf der teilweise viergleisigen Hauptstrecke Hamm Gbf – Löhne – Minden – Seelze gefahren wurden. Zum Sommerfahrplan 1952 gab Minden seine beiden 42.90 zur weiteren Erprobung an das Bw Bingerbrück ab.

Zweieinhalb Jahre später tauchte in Minden die dritte Franco-Crosti-Lok der DB auf. Die bei Henschel umgebaute 50 1412 (später 50 4001) war am 12.11.1954 im AW Göttingen abgenommen und laut Betriebsbuch ab diesem Tage in Bingerbrück stationiert worden. Tatsächlich aber wurde sie bis Januar 1955 in Minden in einem umfangreichen Versuchsprogramm eingesetzt, wobei auch Versuchsreihen mit den Löhner Mischvorwärmer-50 und -52 durchgeführt wurden. Die 50 1412 war jedoch buchmäßig nie in Minden stationiert. Anfang 1955 kam sie dann endgültig zu ihrem Heimat-Bw Bingerbrück.

1959 erschien abermals eine Franco-Crosti-Maschine bei der Versuchsanstalt. Eine Lok der neu in Dienst gestellten Serien-50.40 wurde kurzzeitig in Minden erprobt, bevor sie zum Bw Kirchweyhe kam. Es war dies die mit Ölfeuerung ausgerüstete 50 4011. Diese Lok wurde den Sommer über ausführlich getestet, auf diese Untersuchung wird im Kapitel über 50 4011 genauer eingegangen.

Am 4. Juni 1959 war den Mitgliedern des Lokausschusses Gelegenheit gegeben, an einer Meßfahrt mit der ölgefeuerten FC-Lok 50 4011 von Minden (Westf.) nach Hamm teilzunehmen und sich dabei über die Bewährung der Ölfeuerung und Leistung des FC-Kessels durch Mitfahrt auf der Lok und Beobachtung der Anzeigegeräte im Meßwagen zu unterrichten.

Beheimatungen:
42 9000   13.01.51–24.05.52
   9001   09.02.51–24.05.52

---

42 9000 (Bw Minden) fährt mit einem Postexpresszug aus Bielefeld aus, 1952. Foto: Carl Bellingrodt (+).

42 9000 (Bw Bingerbrück) fuhr auch Reisezüge: Hier verläßt sie Bingerbrück mit dem Sonderzug "Rollender Weinkeller", aufgenommen 1952. Foto: Carl Bellingrodt (+).

42 9001 (Bw Bingerbrück) fährt mit einem Güterzug durch Koblenz Hbf, 3.10.56. Ein ganz Schlauer hat an die Rauchkammertür "Rauchgas-Vorwärmer" geschrieben. Foto: Hans Schmidt.

Bw Bingerbrück

Am 25.5.52 kamen beide 42.90 aus Minden nach Bingerbrück, von wo die Loks vor allem auf den beiden Rheinstrecken vor Güterzügen von Bingerbrück/Mainz und Worms/Mannheim/Ludwigshafen/Heidelberg nach Köln eingesetzt wurden, bzw. auf Teilstücken davon, beispielsweise Koblenz-Lützel-Mainz-Bischofsheim. Auch die Bingerbrücker 42 (Bingerbrück war bis 1957 ein Auslauf-Bw für 42er) liefen hauptsächlich auf dieser Relation. Von Norden her befuhren auch die Mischvorwärmer-52 des Bw Duisburg-Wedau diese Strecke, allerdings nur bis Bingerbrück/Mainz-Bischofsheim. Somit standen also die Wedauer Mischvorwärmer-52 als Vergleich zur 42.90 zur Verfügung.

Ebenfalls eingesetzt wurden die Franco-Crosti-Loks auf der Strecke von Mainz-Bischofsheim bzw. Bingerbrück über Bad Kreuznach nach Kaiserslautern (Einsiedlerhof). Außer den Leistungen auf den bereits genannten Hauptstrecken sind auch ein paar Züge auf den Strecken im engeren Umkreis vom Heimat-Bw bekannt, so z.B. Güterzüge auf der Nebenbahn (Bingerbrück-) Langenlonsheim – Simmern. Auch die ab Januar 1955 in Bingerbrück eingesetzte dritte Franco-Crosti-Lok der DB (50 1412) und die ebenfalls ab 1955 dort beheimateten Loks 52 891 und 892 mit Heinl-Mischvorwärmer hatten das gleiche Einsatzgebiet wie 42 9000 und 9001. (*)

Es sollte in Betriebsversuchen geklärt werden, ob die Verwendung von Mischvorwärmern bei vergleichbaren Loktypen Auswirkungen auf den Brennstoffverbrauch hatte. Beteiligt an dem Betriebsversuch waren 50 1412, 42 9000 und 9001, 52 891 und 892 mit Heinl-Mischvorwärmer, zwei 50er mit Henschel-Mischvorwärmer und zwei Normal-50er. Der Betriebsversuch wurde von Juni bis Dezember 1955 durchgeführt. Erwartungsgemäß schnitt die 50 1412 bei weitem am besten ab, auf diese Versuche wird an anderer Stelle genauer eingegangen.

Auch in den folgenden Jahren veränderte sich am Einsatz der drei Franco-Crosti-Loks nur wenig. Anfang 1958 kamen alle drei Loks ins AW Schwerte (42 9001 am 5.1., 50 1412 am 18.3. und 42 9000 am 9.4.). Nach ihrer Rückkehr aus dem AW, 50 1412 war inzwischen nach ihrer L3 in 50 4001 umgezeichnet worden, wurden alle drei Loks beim Bw Oberlahnstein, rund 50 km nördlich von Bingerbrück und rechtsrheinisch gelegen, stationiert. Erneut erhielt das Bw Bingerbrück die Baureihe 50.40 im Mai 1962 zugeteilt, als die Maschinen 50 4001, 4016-4023, 4030 und 4031 vom Bw Oberlahnstein abwanderten, weil sie dort durch die fortschreitende Elektrifizierung freigesetzt worden waren.

Die Maschinen waren zuerst aus dem AW Schwerte mit neuen FC-Vorwärmkesseln zurückgekehrt (siehe hierzu auch Seite 74). Aber trotz ihrer neuen Vorwärmer erreichten die Loks während ihrer ganzen Bingerbrücker Zeit (vom Mai 1962 bis Sommer 1964) nur Laufleistungen, die kaum über 6 500 km im Monat lagen. Demgegenüber hatten sie beim Bw Oberlahnstein meist über 8 000, nicht selten sogar 10 000 oder 12 000 km erreicht. Das lag daran, daß die Loks während der Oberlahner Zeit sich auf den beiden Rheinstrecken mit langen Güterzugdurchläufen als wahre 'Kilometerfresser' betätigen konnten, was nach der Elektrifizierung nicht mehr möglich war.

Beim Bw Bingerbrück liefen die Loks daher auf den Südwesten gehenden Haupt- und Nebenstrecken, wobei vor allem Züge nach Einsiedlerhof (Güterbahnhof für Kaiserslautern) gefahren wurden. Außerdem waren Güter- und Übergabezüge im Nahbereich von Bingerbrück nach Mainz Planleistungen. Lange Durchläufe, etwa mit Güterzügen von Mainz nach Köln, waren 'dank' der Elektrifizierung unmöglich, was das Absinken der Kilometerleistungen beim Bw Bingerbrück gegenüber dem Bw Oberlahnstein erklärt.

Im Sommerfahrplan 1964 (im Juni und Juli) wurden die 11 Loks an das Bw Hamm abgegeben. Noch Mitte Juni 1964 wurden was auch unsere Fotos zeigen, einige Leistungen in Bingerbrück mit 50.40 gefahren. Gründe für die Umstationierung waren einerseits die größere Nähe des Bw Hamm zum AW Schwerte, wo sich die Loks wegen der Korrosionsschäden ohnehin häufiger aufhalten mußten, und andererseits die Möglichkeit der Schaffung eines gemeinsamen Einsatzgebietes mit den 50.40 der BD Münster. Sowohl die Hammer Loks als auch die Maschinen der BD Münster liefen zunächst hautsächlich auf der Realtion Hamm/Ruhrgebiet - Münster - Osnabrück - Kirchweyhe/Bremen.

Beheimatungen:

42 9000	25.05.52–09.04.58
42 9001	25.05.52–05.01.58
50 4001	12.11.54–18.03.58
	12.06.62–28.07.64
50 4016	18.05.62–18.07.64
50 4017	25.05.62–20.07.64
50 4018	29.05.62–18.07.64
50 4019	23.05.62–18.07.64
50 4020	29.05.62–23.06.64
50 4021	15.05.62–15.06.64
50 4022	15.05.62–15.06.64
50 4023	18.05.62–04.06.64
50 4030	28.05.62–15.06.64
50 4031	28.05.62–28.07.64

---

*52 891 + 892 sind die Schwesterloks der 42 9000 + 9001, da sie auch 1951 von Henschel gebaut wurden. Ihre Fabriknummern 28315 + 28316 hätten ihnen eigentlich die Loknummern 52 893 + 894 bringen müssen, weil aber die eigentlichen 52 891 + 892 (mit den Fabr.Nrn 28313 + 314) als 42 9000 + 9001 gebaut wurden, rückten die beiden neuesten DB-52 mit ihren Nummern zwei Stellen nach vorn.

Versuchslaufplan vom Sommer 1955 des Bw Bingerbrück (oben) und Einsatzpläne 22 und 23 des Bw Oberlahnstein vom Winter 1960/61. Sammlung DGEG-Archiv.

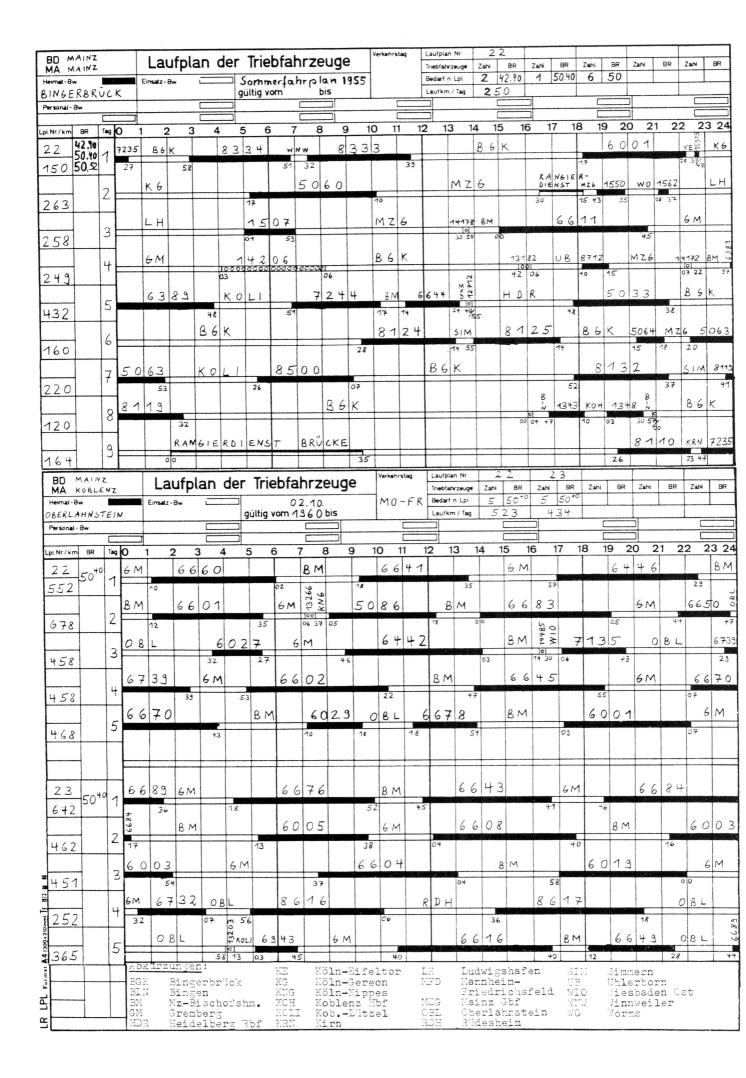

Zweimal 50.40 im Bw Bingerbrück: Links 50 4018 und rechts 50 4022, aufgenommen am 30.4.63 von Peter Lösel.

50 4021 (Bw Bingerbrück) dortselbst im Juli 1962. Drei Monate vorher hatte sie ihren neuen Vorwärmer erhalten. Insgesamt ist die Lok in gutem Zustand, auch die Tenderklappen sind gangbar. Die Maschine hat noch den ursprünglichen Blechschornstein, der mit einem zusätzlichen Halteband am Kessel befestigt ist. Foto: Peter Lösel.

So endete der 50.40-Einsatz beim Bw Bingerbrück: Oben rangiert 50 4031 am 30.4.64 in Bingerbrück. Unten steht 50 4018 bei trostlosem Spätwinterwetter Anfang 1964 im Bw Bingerbrück als Hilfszugreserve herum. Ihre Kohleabdeckklappen sind nur halb geschlossen. Im Hintergrund noch gerade zu erkennen sind eine 50.40 und eine 23 an den Behandlungsanlagen sowie rechts eine weitere 50.40 und eine 50. Beide Fotos: Peter Lösel.

In den letzten Tagen der 50.40 in Bingerbrück entstand das Bild der 50 4019 und 50 4001, die mit einem Güterzug nach Kaiserslautern in Bingerbrück auf Ausfahrt warten, 10.6.64. Foto: Peter Lösel.

50 4001 rangiert am 18.6.64 in Bingerbrück. Inzwischen hat sie starke Stützeisen für die Rauchkammer erhalten, der Blechschornstein ist durch einen Gußschlot ersetzt und eine Druckluftglocke für Nebenbahneinsätze hat sie auch. Foto: Peter Lösel.

Bw Oberlahnstein

Nach ihren AW-Aufenthalten wurden die 42 9000 und 9001 zum Sommerfahrplan 1958 und 50 4001 Mitte September 1958 beim Bw Oberlahnstein beheimatet.

Die Loks liefen zunächst noch auf der Rheinstrecke, schon bald wurden die beiden 42.90 aber nur noch im Pendeldienst zwischen den Güterbahnhöfen Mainz-Bischofsheim und Oberlahnstein eingesetzt. Schon am 20.1.1959 wurde die 42 9000 z-gestellt, während 42 9001 noch bis zum 7.4.1960 im Einsatzbestand blieb. Ende April 1959 erhielt Oberlahnstein von Kirchweyhe die 50 4016-4023 und Anfang August bzw. Anfang September 1959 auch die beiden letzten 50.40 (4030 und 4031) neu vom AW Schwerte. Damit hatte das Bw Oberlahnstein von September 1959 bis zur z-Stellung der 42 9001 am 8.4.1960 seinen höchsten Franco-Crosti-Lok-Bestand mit den 12 Loks 42 9001, 50 4001, 50 4016-23, 4030 und 50 4031.

Die 50.40 wurden fast ausschließlich vor Güterzügen von Mainz-Bischofsheim und Gremberg aus eingesetzt (siehe dazu auch Laufplan). Als auf der rechten Rheinstrecke die Elektrifizierungsarbeiten begannen, war ein baldiges Ende der Einsätze der Oberlahnsteiner 50.40 abzusehen. Am 27.5.1962 wurde das 263 km lange Streckenstück Niederlahnstein – Oberhausen-Osterfeld Süd für den elektrischen Betrieb freigegeben. Da nun die bisherigen Züge der 50.40 mit der E40 gefahren wurden, gab Oberlahnstein seine 50.40 alle im Mai 1962 an das Bw Bingerbrück ab. In diesem Zeitraum wurden übrigens auch die Vorwärmertrommeln der Oberlahnsteiner 50.40 gewechselt (größtenteils im April und Mai 1962). Diese Arbeiten wurden damit mehrere Monate nach der Behebung der Schäden an den Kirchweyher und Osnabrücker 50.40 ausgeführt.

Beheimatungen:
```
42 9000   31.05.58–23.07.59 (+)
42 9001   28.05.58–30.09.60 (+)
50 4001   16.09.58–02.05.62
50 4016   30.04.59–17.05.62
50 4017   30.04.59–23.04.62
50 4018   27.04.59–28.05.62
50 4019   29.04.59–22.05.62
50 4020   28.04.59–28.05.62
50 4021   28.04.59–14.05.62
50 4022   27.04.59–14.05.62
50 4023   29.04.59–17.05.62
50 4030   06.08.59–27.05.62
50 4031   02.09.59–27.05.62
```

50 4023 (Bw Oberlahnstein) mit Güterzug auf der rechten Rheinstrecke bei der (heute verschwundenen) Blockstelle Bornhofen, aufgenommen am 8.9.60 von Hans Schmidt. Die Lok hat bereits den vergrößerten Vorwärmermischkasten.

Wer gut schmiert, der gut fährt. – 50 4023 (Bw Oberlahnstein) am 26.5.60 im Bw Mainz-Bischofsheim. Foto: Hans Schmidt.

42 9001 wartet 1958 auf die Überholung durch einen Eilzug in Mainz-Kastel. Die Lok (Bw Oberlahnstein) pendelte damals, wie später auch die 50.40, zwischen den Güterbahnhöfen Mainz-Bischofsheim und Oberlahnstein.
Inzwischen hatte die Lok ein zweites Führerhausseitenfenster erhalten. Außerdem war die Führerhaus-Dachentlüfung verändert worden, und die Lok hatte inzwischen Lampen der neuen Bauart. Foto: Hans Hillebrand.

Das Ende für die 42.90: 42 9000 (vorn) und 9001 sind am 4.5.60 im Bw Oberlahnstein abgestellt. Foto: Hans Schmidt.

50 4019 (Bw Oberlahnstein) befördert einen Schwerlast-Transport, aufgenommen am Rißstein bei Kaub an der rechten Rheinstrecke im Sommer 1959. Die Lok hat noch den kleinen Vorwärmerkasten. Foto: Carl Bellingrodt (+).

50 4016 mit einem Güterzug auf der rechten Rheinstrecke am Rißstein bei Kaub im Sommer 1960. Sie entsprach noch der Ursprungsausführung der 50.40. Durch den zu kleinen Mischvorwärmerkasten entweicht ein Teil des Abdampfes durch den Überlauf, anstelle das Speisewasser vorzuwärmen. Das "Überkochen" ist an der langen Dampffahne auf dem Scheitel der Rauchkammer zu erkennen. Foto: Carl Bellingrodt (+).

Bw Kirchweyhe

Am 27.8.1958 wurde als erste Franco-Crosti-Lok die 50 4002 dem Bw Kirchweyhe zugeteilt. Im folgenden Zeitraum von einem Jahr kamen bis auf 50 4001, 4030 und 4031 alle 50.40 zumindest zeitweise zum Bw Kirchweyhe.

Kontinuierlich wurde ab Spätsommer 1958 beim Bw Kirchweyhe der Bestand an Loks der Baureihe 50.40 durch neu umgebaute Loks aufgestockt. So trafen zum Beispiel am 2.10.58 gleich 4 Loks aus dem AW Schwerte ein. (50 4005 -4008). Die Maschinen wurden der Nummer nach abgeliefert, wobei es allerdings vier Ausnahmen gab: 50 4010 (12.10.58) wurde vor 50 4009 (24.10.58) abgenommen, 50 4014 (2.12.58) vor 50 4013 (3.12.58), 50 4023 (8.2.59) vor 50 4022 (16.2.59) und 50 4011 erschien buchmäßig erst am 20.5.59, fast zwei Monate nach Ablieferung der 50 4025, beim Bw Kirchweyhe.

Anfang 1959 war geplant, die noch zu erwartenden Loks 50 4025-4029 nicht in Krichweyhe, sondern zur Entlastung in Osnabrück Hbf zu stationieren. So wurde buchmäßig die 50 4025 auch von ihrer Abnahme im AW Schwerte an für knapp einen Monat (vom 28.2. bis zum 26.3.1959) im Bw Osnabrück Hbf beheimatet. Die Lok wurde jedoch wie alle anderen in Kirchweyhe unterhalten und von dort eingesetzt. Ab 27.3.59 (nach Eintreffen der 50 4025) hatte das Bw Kirchweyhe dann für genau einen Monat seinen Höchstbestand an 50.40 und damit gleichzeitig den höchsten Bestand an Franco-Crosti-Loks, den je ein DB-Bw hatte. Mit 50 4002 -4010 und 4012-4025 waren hier 23 Loks der Franco-Crosti-Bauart beheimatet. Ende April 1959 wurden innerhalb von 4 Tagen die acht Loks 50 4016-4023 an das Bw Oberlahnstein abgegeben, ab Mitte Mai wurde in Osnabrück Vbf ein 50.40-Bestand von acht Loks aufgebaut. Am Ende des Jahres 1959 war auch diese Abgabeaktion beendet. Während Kirchweyhe die sechs Maschinen an das Bw Osnabrück Vbf abgab, erhielt Kirchweyhe wiederum die neu abgelieferten Loks 50 4011 und 4026-4029.

Am Jahresende 1959 stabilisierte sich dann der 50.40-Bestand des Bw Kirchweyhe (und damit auch der Bw Osnabrück-Vbf und Oberlahnstein) weitgehend. 1960 wurden zwischen Kirchweyhe und Osnabrück Vbf noch drei Loktauschaktionen durchgeführt, und zwar
am 29. 1.60: 4012 (nach OS-V) gegen 4009 (nach Kwey),
am 11.11.60: 4013 (nach OS-V) gegen 4006 (nach Kwey),
am 28.12.60: 4007 (nach OS-V) gegen 4012 (nach Kwey).

Somit ergab sich zum Jahresende 1960 für das Bw Kirchweyhe ein Bestand von 14 Loks der BR 50.40: 50 4002, 4006, 4009-4012, 4014, 4015, 4024-4029. Dieser Bestand änderte sich über Jahre hinweg nicht mehr.

Ein Sonderling in jeder Beziehung war 50 4011 des Bw Kirchweyhe. Die Lok war am 9.11.58 im AW Schwerte abgenommen worden, kam dann aber nicht wie die anderen Maschinen zum Bw Kirchweyhe, sondern wurde zur Firma Henschel in Kassel gebracht. Dort wurde eine Ölhauptfeuerung eingebaut. Am 4.5.59 wurde 50 4011 in Kassel provisorisch abgenommen, kam wieder ins AW Schwerte und erhielt dort als L 3 ihre endgültige Abnahme am 19.5.59. Anschließend wurde die Lok von der Versuchsanstalt Minden noch eingehend erprobt. Nachdem sich das Bw Kirchweyhe geweigert hatte, die 50 4011 zu übernehmen, weil im Bw keine Behandlungsanlagen für Öllokomotiven zur Verfügung standen, war geplant, die Lok gemeinsam mit 50 4025-4029 in Osnabrück Hbf zu stationieren. Als jedoch beschlossen wurde, die 50 4025-4029 nun doch in Kirchweyhe zu beheimaten, weigerte sich das Bw Osnabrück auch, die Öllok 50 4011 anzunehmen. Zwar standen dort wegen der beheimateten Öl-41 schon Behandlungsanlagen für Loks mit Ölhauptfeuerung zur Verfügung, doch lehnte das Bw die 50 4011 mit der Begründung ab: "Wir kennen uns nicht mit Franco-Crosti-Loks aus."

Das Bw Osnabrück Vbf bekam zu dieser Zeit zwar seine ersten 50.40 von Kirchweyhe, hatte jedoch wie dies keine Behandlungsanlagen für Ölloks. Der C-Gruppenleiter des Bw Kirchweyhe willigte schließlich doch ein, die 50 4011 zu übernehmen, allerdings unter der Bedingung, daß Kirchweyhe auch Öl-41er erhalte.

50 4024 (Bw Kirchweyhe) wurde am 9.5.64 nach einer Flankenfahrt als erste 50.40 abgestellt. Danach wurde sie im Heimat-Bw als Ersatzteilspender benutzt. Aufnahme vom September 1964 von Jürgen Munzar.

Zunächst bestand die Ölbehandlungsanlage des Bw Kirchweyhe für die 50 4011 aus Kesselwagen mit schwerem Heizöl, die im Lokschuppen "Süd" des Bw untergebracht und durch eine Leitung nach draußen mit der Zapfstelle verbunden waren. Um 1960 wurde dann dieses Provisorium durch eine festgebaute Ölbehandlungsanlage ersetzt, und am 18.8.60 erhielt das Bw Kirchweyhe mit 41 310 (vor Ausrüstung mit Ölfeuerung Bw Wanne-Eickel) seine erste Öl-41, Ende Februar 1961 waren es bereits 13 Loks der Baureihe 41 Öl.

Die 50 4011 war auch noch in anderer Beziehung ungewöhnlich. In ihrer Einsatzzeit erhielt sie außer 2 L 2-Untersuchungen noch 19 Untersuchungen der Schadgruppe L 0, während der Durchschnitt bei der Baureihe 50.40 bei 7 bis 8 L 0 lag. Bedingt war diese hohe Störungsanfälligkeit wohl auch dadurch, daß die Lok wegen ihrer Ölfeuerung besonders gerne eingesetzt wurde. Wenn sie nicht im AW weilte, kam sie oft auf Monatsleistungen von über 8.000, ja mitunter sogar über

50 4029 wartet mit einem Güterzug aus Richtung Osnabrück auf Einfahrt in Kirchweyhe-Lahausen, Oktober 1963. Foto: Rolf Engelhardt.

10.000 km. Damit lag sie, immer vorausgesetzt, daß sie nicht durch ihre häufigen AW-Aufenthalte ausfiel, meist weit über den Monatsleistungen der anderen 50.40 und konnte damit sogar fast mit den Öl-41 mithalten, deren Monatsleistungen in der Regel bei 8.000 bis 10.000 km lagen.

Das Haupteinsatzgebiet der Kirchweyher 50.40 war stets die bekannte Rollbahn. Schwere Güterzüge wurden von Bremen/Kirchweyhe über Osnabrück und Münster ins Ruhrgebiet gefahren. U.a. waren Hamm und Wanne-Eickel Wende-Bw's. Dabei wurden auch häufig die Züge mit zwei Loks gefahren, wobei allerdings selten zwei 50.40 zusammenliefen. Meist war es eine 50.40 und eine 50 oder 41-Öl. 50 4011 wurde allerdings meist nur zwischen Hamburg und Osnabrück eingesetzt, da weiter südlich (z.B. in Münster) kein Öl nachgebunkert werden konnte.

Wenngleich die 50.40 wegen ihrer geringeren Leistung gewöhnlich vor der 41-Öl lief, wurden doch auch (umlaufplanbedingt) Züge gefahren, bei denen die 41-Öl als Vorspann vor der 50.40 war. Neben den Einsätzen ins Ruhrgebiet fuhren die 50.40 vor Güterzügen in die andere Richtung bis Hamburg. Außerdem wurden Leistungen unterschiedlichster Art im Großraum-Nahbereich Bremen gefahren. So wurden dort Anfang der 60er Jahre auch einige Personenzüge mit 50.40 bespannt.

Als im Oktober 1961 neben starker Korrosion der Heizrohre in den Vorwärmern Ausfressungen der Vorwärmertrommeln von innen her von bis zu 7 mm Tiefe (bei nur 12 mm Dicke) bei den 50.40 festgestellt wurden, stellte man in Kirchweyhe sofort alle 50.40 ab. 50 4002 war seit dem 8.10.61 bereits im AW Schwerte, die übrigen Loks wurden alle zwischen dem 20. und 22.10.61 aus dem Verkehr gezogen. Bei 50 4012, 4014, 4024, 4027 und 4028 wurden die notwendigen Arbeiten im Rahmen einer L 2 ausgeführt, weil diese Loks bereits vor dem Bekanntwerden der Schäden zur L 2 vorgemeldet worden waren. Auch bei 50 4009, 4010 und 4029 wurde eine L 2 ausgeführt, während 50 4002, 4006, 4015, 4025, 4026 im Rahmen einer L 0 ihren neuen Vorwärmer erhielten. Eine Ausnahme bildete wieder einmal die 50 4011. Sie war erst am 17.10.61 von einer L 2 aus dem AW Schwerte zurückgekehrt und wurde dann bereits am 22.10 wieder außer Betrieb gesetzt. Da ihr Vorwärmer gerade vorher gründlich überarbeitet worden war, wurde bei ihr als einziger Lok kein Vorwärmertrommel-Tausch nötig und sie kehrte am 16.11.61 als erste 50.40 der BD Münster wieder aus dem AW zurück. So war sie dann im Monat November auch die einzige 50.40 in der BD Münster, die sich bewegte (siehe auch Liste der km-Angaben im Anhang).

Die anderen Maschinen kamen dagegen teilweise erst im Februar 1962 aus dem AW zurück. Nach dieser Krise wurden die 50.40 wieder voll eingesetzt und erreichten wieder eine Durchschnittsleistung von 6.000 bis 7.000 Kilometer pro Lok im Monat. Im Jahr 1963 sank diese Leistung dann langsam auf rund 5.000 bis 6.000 Kilometer pro Lok, 1964 auf durchschnittlich 4.000 bis 5.000. 1964 schieden auch die ersten beiden 50.40 aus. 50 4024 wurde am 9.5.64 nach einer Flankenfahrt z-gestellt. 50 4027 hatte einen schweren Unfall, sie fuhr am 24.10.64 um 6.10 Uhr dem Eilzug E 572 nach Köln an der Brücke bei Bremen-Hastedt in die Seite, wobei es auch mehrere Tote zu beklagen gab. 50 4027 wurde fast vollständig

50 4028 (Bw Kirchweyhe) war am Ende ihrer Laufbahn ans Bw Rahden verliehen. Sie fuhr bis zum Schluß auch das Bw Bielefeld an. Dort wurde sie am 17.5.67 – vier Wochen vor dem 'Aus' – aufgenommen. Sie hatte ihre Glocke auf dem Umlaufblech. Foto: Sammlung Jürgen Ebel.

zerstört. Die Lok, die seit ihrer letzten L 2 am 29.9.64 erst rund 5.000 km gefahren hatte, wurde daraufhin am 25.10.64 z-gestellt.

1965 sanken die Leistungen der 50.40 wiederum sehr stark ab. Im Mai und Juni kamen die sechs Osnabrücker 50.40 (buchmäßig auch die bereits z-gestellte 50 4008!) nach Kirchweyhe, wo sie nur noch sehr wenig eingesetzt wurden. Bis zum Februar 1966 hatte Kirchweyhe dann einen Bestand von 17 Loks, der sich danach laufend verminderte, weil die Loks jetzt auch bei den kleineren Schäden, etwa einer anfallenden Kesseluntersuchung von 7000 DM, abgestellt wurden.

Obwohl die Rollbahn noch nicht elektrifiziert war, waren die 50.40 praktisch völlig arbeitslos und wurden nur gelegentlich in untergeordneten Diensten eingesetzt. Den Tiefpunkt erreichten die Loks, als im Mai 1966 die vierzehn 50.40 des Bw Kirchweyhe nur noch 9.000 Kilometer fuhren – alle zusammen wohlgemerkt. Das waren im Durchschnitt 600 km pro Lok und Monat.

50 4012 mit einem Güterzug in Richtung Osnabrück begegnet einer 01.10 mit einem Schnellzug Köln – Hamburg im Wiehengebirge bei Ostercappeln. Foto: Ludwig Rotthowe.

50 4015 mit Güterzug bei Osnabrück, aufgenommen 1963. Wo findet man heute noch die doppelten Telegrafenmasten? Foto: Carl Bellingrodt (+).

50 4002 (Bw Kirchweyhe) verläßt Osnabrück Vorbf vor einem Durchgangsgüterzug in Richtung Bremen. Foto: Jürgen Munzar.

50 4029 auf der Ausschlackgrube des Bw Münster im Juli 1962. Foto: Sammlung Jürgen Ebel.

50 4002 (Bw Kirchweyhe) vor dem Schuppen des Bw Münster im Juli 1962. Im Sommerfahrplan 1962 beförderten die Kirchweyher 50.40 planmäßig ein Güterzugpaar nach Münster, danach war Münster nur außerplanmäßiges Wende-Bw. Bei der Lok fällt ein vergrößerter Fensterschirm beim Führerstands-Vorderfenster auf. Die veränderte Steuerungsanordnung ist gut zu erkennen. Foto: Sammlung Jürgen Ebel.

Ersetzt worden waren die 50.40 in erster Linie durch die ab Ende 1964 nach und nach von der BD Kassel zum Bw Osnabrück Hbf umgesetzten leistungsfähigen 44 mit Ölfeuerung.

Ab Sommerfahrplan 1966 ging es dann noch einmal ein wenig aufwärts mit den 50.40. Acht Loks erhielten zwischen April und Juni 1966 noch eine L 0 im AW Schwerte, wo dann am 5.7.66 die 50 4026 als letzte 50.40 ausgebessert wurde. Gleichzeitig wurde auch ein Teil der frisch untersuchten Loks an das Bw Rahden verliehen. Nachgewiesen sind in Rahden Einsätze der 50 4002, 4004, 4005, 4006, 4007, 4012, 4013, 4015, 4025, 4026 und 4028. Außer 50 4002 und 4015 erhielten diese Loks bei ihrer letzten L 0 (siehe hierzu auch Liste der Untersuchungen im Anhang) eine Druckluftglocke, die direkt neben der Luftpumpe auf dem rechten Umlaufblech plaziert wurde. Nur 50 4006 und 4025 erhielten eine Glocke auf dem Kessel. Nötig war der Umbau, weil die Loks auch auf den Nebenbahnen Rahden – Bünde/Westf., Rahden – Nienburg/Weser und Rahden – Solingen eingesetzt wurden. Alle anderen 50.40-Serienloks hatten als Warneinrichtung nur die Dampfpfeife.

Zwar war man in Rahden auch nicht gerade glücklich über diese "eigenartigen Dinger", aber man setzte sie doch ein, z.T. sogar vor Personenzügen im Rahdener Raum und vor Güterzügen nach Bielefeld. So konnten die 14 Loks des Bw Kirchweyhe noch einmal rund 2.500 Kilometer pro Lok im Juli 1966 vorweisen.

Ab August 1966 setzte dann eine wahre z-Stellungswelle ein, die den Bestand dann schnell zusammenschrumpfen ließ.

Die letzte Rahdener Leihlok war 50 4028. Sie leistete noch im Mai 1967 rund 3.000 km. Zum Beginn des Sommerfahrplans wurde sie nach Kirchweyhe zurückgegeben, kam dort aber nicht mehr zum Einsatz.

50 4025 wurde Anfang Juni 1967 (zu der Zeit waren nur noch 50 4007, 4025, 4028 betriebsfähig) vom Bw Kirchweyhe leihweise an das Bw Münster abgegeben, weil Kirchweyhe für eine dort durch Nachlässigkeit schadhaft gewordene 50 des Einsatz-Bw Münster Ersatz stellen mußte. In Münster wußte man mit der heruntergekommenen Lok nichts anzufangen – Kirchweyhe hatte sicher seine "beste" Lok hergegeben. Während der rund drei Wochen in Münster wurde sie (es sind Einsätze nach Gronau bekannt) nur als Reservelok benutzt. Nach ihrer Rückkehr ins Heimat-Bw wurde die inzwischen letzte Franco-Crosti-Lok der DB sofort z-gestellt. So endete am 24.6.67 vollkommen unbeachtet der ehemals wohl vielversprechendste Versuch der DB mit Dampfloks.

B e h e i m a t u n g e n:

50 4002	27.08.58–22.05.67 (+)
50 4003	04.09.58–09.07.59
	08.05.65–22.05.67 (+)
50 4004	10.09.58–10.06.59
	16.06.65–14.11.67 (+)
50 4005	02.10.58–19.05.59
	18.05.65–14.11.67 (+)
50 4006	02.10.58–27.09.59
	11.11.60–22.05.67 (+)
50 4007	02.10.58–09.12.60
	20.05.65–14.11.67 (+)
50 4008	02.10.58–18.04.59
	17.05.65–01.09.65 (+)
50 4009	24.10.58–06.12.59
	30.01.60–22.05.67 (+)
50 4010	13.10.58–22.05.67 (+)
50 4011	20.05.59–24.02.67 (+)
50 4012	13.11.58–28.01.60
	29.12.60–22.05.67 (+)
50 4013	01.12.58–10.11.60
	21.05.65–22.05.67 (+)
50 4014	02.12.58–22.05.67 (+)
50 4015	10.12.58–05.07.67 (+)
50 4016	18.12.58–29.04.59
50 4017	24.12.58–29.04.59
50 4018	14.01.59–26.04.59
50 4019	15.01.59–28.04.59
50 4020	22.01.59–27.04.59
50 4021	27.01.59–27.04.59
50 4022	17.02.59–26.04.59
50 4023	09.02.59–28.04.59
50 4024	24.02.59–01.09.65 (+)
50 4025	27.03.59–14.11.67 (+)
50 4026	11.06.59–14.11.67 (+)
50 4027	23.06.59–01.09.65 (+)
50 4028	01.07.59–14.11.67 (+)
50 4029	14.07.59–22.05.67 (+)

Einige 50.40 des Bw Kirchweyhe waren zum Ende ihrer Laufbahn an das Bw Rahden verliehen. Dort posieren am 22.5.66 für den Fotografen 50 4012, 4005 und 4015 sowie eine Köf. Zwei Loks sind anläßlich des Pfingstfestes mit frischen Zweigen geschmückt. 50 4005 und 4012 sind mit einem Läutewerk auf dem Umlauf ausgerüstet. Foto: Peter Lösel.

Begegnungen: 50 4015 (Bw Kirchweyhe) und 94 600 (Bw Hamburg – Wilhelmsburg) am 13.3.65 im Bw Wilhelmsburg. Foto: Hans Schmidt.

Im Bw Kirchweyhe: 50 4006, 50 191 und 41 059 warten auf ihren nächsten Einsatz, 10.63. Foto: Rolf Engelhardt.

50 4027 wurde bei dem schweren Unfall in Bremen fast vollständig zerstört. Die linke Seite der Lok war völlig aufgerissen, auch auf der rechten Seite ist der Rahmen gestaucht und die ganze Zylindergruppe zerbrochen – der Kolben hängt unten heraus. Foto vom 24.10.64 von Herrn Mielke.

50 4027 (Bw Kirchweyhe) mit einem Güterzug in Richtung Münster im Mai 1963 zwischen Westbevern und Sudmühle. Foto: Ludwig Rotthowe.

50 4025 auf Leerfahrt in Bremen Hbf, aufgenommen am 8.8.59. Noch ist die Lok im Ablieferungszustand. Foto: Hans Schmidt.

Die letzte: 50 4025 (Bw Kirchweyhe) leihweise im Bw Münster, aufgenommen als Reservelok am 2.6.67. 50 4025 hatte ihr Läutewerk auf dem Kesselscheitel. Foto: Sammlung Jürgen Ebel.

Monatsnachweis über die Verwendung, Leistung

1	2	3	4	5	6	7	8	9	10	11	12	13	14	15
			Die Lok war schadhaft				Von den Abrolltagen der Spalten 3–7 sind anrechnungsfähig	Leistung im Monat			Ausbesserungskosten im Bw seit der vorausgegangenen HU, ZU oder Indienststellung in RM DM			Gesamt-kohlen-verbrauch je Monat t
Jahr und Monat	im Betrieb	betriebs-fähig ka t ab-gestellt	in Ausbesserung im RAW	Bw	war-tete auf Auf-nahme	von Aus-besse-rung zurück-gestellt		Mio Lok-leistungs-tkm (mit 3 Bruch-stellen)	Loko-motiv-km	Lok-km seit der letzten HU oder ZU	im Monat	ins-gesamt	Kohlen-ver-brauch auf 1000 Lok-km	
Dezember 58	25	5		1			6	5087	5982	5982	1027	1027	17,10	102,28
Januar 59	7	23		1			32	1713	1903	7885	660	1687	18,98	36,11
Februar		28					58	—	—	—	—	—	—	—
März	27	3		1			64	4848	7131	15016	441	2128	15,73	102,16
April	26	4		1			72	5679	5559	20575	1013	3141	16,43	91,31
Mai	28	2		1			75	8400	8164	28739	1320	4461	15,02	127,55
Juni	26	2		2			79	8110	9023	37762	1532	5993	13,64	123,10
Juli	29	2					81	8054	7921	45683	1602	7595	16,57	131,62
August	27	4					85	6306	7029	52712	683	8278	15,65	110,03
September	25	4		1			90	7594	7446	60158	1537	9815	15,41	114,71
Oktober	25	2		3	1		95	6465	7783	67941	1923	91738	15,52	124,82
Dezember	28	1		1			97	8144	8217	76158	1792	13530	17,02	140,27
Dezember	27	3		1			101	7766	8878	85036	1198	14728	16,89	149,44
Januar 60	27	3		1			105	7406	8035	93071	1820	16549	16,72	134,78
Februar	3	1	4	10	6		126	1922	1937	95008	699	17248	24,50	41,64
März	15	1	13	2			142	4117	4472	99480	685	17933	15,08	67,43
April	27	3					145	5950	6485	105965	1696	19629	17,38	112,68
Mai	26	4		1			150	7222	8467	113432	1447	21076	16,12	120,37
Juni	24	5		1			157	5320	6909	120341	1483	22659	14,58	100,76
Juli	23	7					164	5218	6261	126602	1906	24565	15,52	97,17
Aug.	30			1			165	7859	8495	135097	1081	25646	15,79	134,12
Sept.	24	6					171	6332	6594	141691	820	26466	17,01	112,17
Oktober	27	3		1			175	6352	6806	148497	1707	28173	18,67	118,60
November	5	4		1			180	624	1048	149545	1468	29641	18,83	19,73
November	18	1		1			182	4282	4498	154043	1712	31353	17,98	80,89
Dezember	18	1		13			195	4354	4718	158761	1850	33203	21,10	99,55
1961														
Jan.	5		24	2			221	1186	1391	160152	464	33667	16,30	22,68
Σ 2	577	126	41	48	6		221	147813		160152		33667		2623,05
Februar	24	3		1			4	6344	6978	6978	1045	1045	17,69	124,14
März	27	1	2	1			8	6821	7223	14201	1222	2267	16,20	117,14
April	24	2		4			14	5186	6008	20209	1004	3271	16,17	97,16
Mai	28	2		1			17	7757	8815	29024	1473	4744	16,37	144,21
Juni	29	1					18	6607	7221	36245	1580	6324	13,53	89,56
Juli	20	1		10			29	5086	5656	41901	1405	7729	15,84	88,65
August	8	1	14	5	3		52	1813	2262	44163	13	7742	16,09	36,39
September	26	1		3			56	7033	7957	52120	1526	9268	15,89	124,76
Oktober	19			1	11		68	5202	5152	57272	471	9739	17,30	89,13
November					30		98	—	—	57272	—	9739	—	—
Dezember					31		129	—	—	57272	—	9759	—	—
Januar 62					31		160	—	—	57272	—		—	—
Februar					28		188	—	—	57272	—		—	—
März	5		17	4	5		214	1252	1387	58659			20,30	28,15
April	26	4					218	7139	6684	65343			17,84	122,39
Mai	28	1		2			221	7920	7750	73093			16,58	131,30
Juni	24	2		4			227	6578	6206	79299			17,30	107,39
Juli	29	1		1			229	8344	7680	86979			17,01	130,66
Aug.	28			3			232	7841	7237	94216			18,76	135,77
zu übertragen														

Anmerkung: Bei Zuführung einer Lok zum RAW sind die Bw-Kosten, soweit hierzu der Gemeinkostenzuschlag noch nicht bestimmt ist, mit dem zuletzt gültigen Gemeinkostenzuschlag zu berechnen.

Monatsnachweis über die Verwendung, Leistung und Ausbesserungskosten im Bw bei 50 4013 von der Lieferung bis zum August 1962. Ausbesserungskosten für 50 379 vor dem Umbau: Durchschnittlich DM 731,00/Monat. Ausbesserungskosten für 50 4013 pro Monat nach dem Umbau: DM 1 388,25. Am 10.11.60 wechselte die Lok von Kirchweyhe nach Osnabrück Rbf. Von 11.61–2.62 war die Lok schadhaft abgestellt. Betriebsbuch: Sammlung Seewald.

Ihr letzter Betriebstag: 50 4015 (Einsatz-Bw Rahden) am 11.4.67 im Bw Bielefeld. Am 12.4.67 wurde sie z-gestellt. Foto: Bernd Kappel.

Bw Osnabrück Hbf

Buchmäßig war 50 4025 hier einen Monat beheimatet (28.2.59-26.3.59). Die Lok wurde aber auch während der Zeit in Kirchweyhe unterhalten. Weitere Informationen hierzu: Siehe unter Absatz "Bw Kirchweyhe".

Bw Osnabrück Vbf

1959 erhielt das Bw Osnabrück Vbf (ab Mai 1961 hieß es Osnabrück Rbf) von Kirchweyhe die Loks 50 4005 (20.5.59, 4008 (10.6.59), 4004 (11.6.59), 4003 (21.7.59), 4006 (30. 11.59) und 4009 (7.12.59). 1960 wurden die Loks 50 4006 und 4009 gegen die Kirchweyher 50 4007 und 4013 getauscht.

Dieser Bestand von sechs Loks (50 4003-4005, 4007, 4008, 4013) blieb bis April 1965 konstant. Am 16.4.65 wurde 50 4008 nach einem Unfall bei Löhne z-gestellt, und kurz darauf, am 8.5.65 (50 4003, 4007), 17.5.65 (50 4005, 4008 Z) und 21.5.65 (50 4004, 4013) wurden alle 50.40 von Osnabrück Rbf an das Bw Kirchweyhe abgegeben. Die Einsätze der Osnabrücker 50.40 waren mit denen der Kirchweyher fast identisch. Die Hauptaufgabe der Osnabrücker Maschinen bestand in der Beförderung von Güterzügen auf der Rollbahn Bremen/Kirchweyhe – Osnabrück – Münster – Ruhrgebiet. Außerdem wurden die Maschinen auch noch auf der Strecke Osnabrück – Löhne – Seelze/Hannover eingesetzt, sowie in der Gegenrichtung über Osnabrück hinaus nach Rheine und Bentheim.

Die Laufleistungen wichen im allgemeinen nicht auffallend von denen der Kirchweyher 50.40 ab. Genau wie beim Bw Kirchweyhe waren nach der Feststellung der Schäden an den Vorwärmertrommeln die Osnabrücker 50.40 von der Außerdienststellung betroffen. Am 20.10.61 wurden die 50 4005, 4008 abgestellt, am 21.10.61 die 50 4003, 4004, 4007 und 4013. Bemerkenswert ist, daß alle 6 Osnabrücker 50.40 ihren Vorwärmer-Tausch nur im Rahmen eine L 0 erhielten und erst nach den Kirchweyher Loks ausgebessert wurden. Von der Abstellung am 20./21.10.1961 bis Ende Februar 1962 war daher beim Bw Osnabrück Rbf keine Lok der Br. 50.40 im Einsatz, und erst im März 1962 wurden alle sechs wieder in Betrieb genommen.

Beheimatungen:
```
50 4003   21.07.59–07.05.65
50 4004   11.06.59–18.05.65
50 4005   20.05.59–17.05.65
50 4006   30.11.59–10.11.60
50 4007   28.12.60–25.04.65
50 4008   10.06.59–16.05.65
50 4009   07.12.59–29.01.60
50 4012   29.01.60–28.12.60
50 4013   11.11.60–20.05.65
```

Nebenstehend:
50 4005 (Bw Osnabrück Vbf) mit Güterzug Richtung Ruhrgebiet auf der Strecke Osnabrück – Münster am Einfahrvorsignal Westbevern, April 1960. Die Lok besitzt noch den kleinen Mischvorwärmerkasten und den Blechschornstein. Foto: Ludwig Rotthowe.

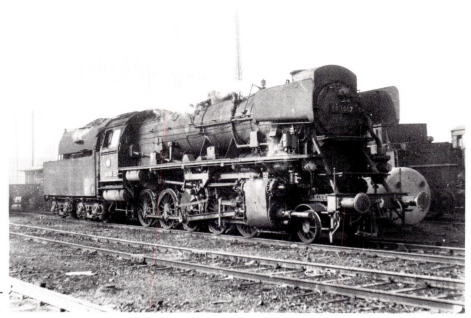

50 4007 im Mai 1962 in ihrem Heimat-Bw Osnabrück Rbf.   Foto: Jürgen Munzar.

Ein Blick ins Bw Osnabrück Rbf, kurz bevor der Osnabrücker 50.40-Bestand aufgelöst wurde. 50 4004 steht sinnigerweise auch schon "am Rande". Ansonsten sind zu sehen (von links): 50 502, 38 2572 (beide Bw Osnabrück Rbf), 50 1763 (Bw Münster, 50 1740 (Bw Hamburg – Harburg) und 50 2751 und 50 2690 vom Bw Oldenburg Rbf.   Foto: Wolfgang Fiegenbaum

50 4003 leistet einer Öl-41 Vorspanndienste auf der Strecke Bremen – Osnabrück bei Ostercappeln, März 1965. Foto: Ludwig Rotthowe.

Die 50.40 des Bw Osnabrück Rbf fuhren auch bis nach Seelze. Aufnahme der 50 4004 im Bw Seelze am 8.8.64 von Klaus-D. Holzborn.

Bw Hamm Gbf

Im Juni 1964 erhielt das Bw Hamm Gbf seine ersten 50.40 von Bingerbrück. Interessanterweise wurden die Hammer Lokführer nicht besonders auf den 50.40 geschult, sondern erhielten nur einen Tag lang eine Unterweisung. Man hielt aufgrund der Ähnlichkeiten zur normalen 50 eine besondere Schulung auf der 50.40 nicht für notwendig. So wurden die Hammer 50.40 (4001, 4016–4023, 4030, 4031) dann auch in den gleichen Plänen wie die normalen 50 des Bw Hamm eingesetzt. Außer den anfallenden Sonderdiensten und Programmzügen (u.a. nach Oberhausen-Osterfeld) wurden Eilgüterzüge nach Hagen, Güterzüge über Münster – Osnabrück nach Kirchweyhe, über Bielefeld nach Minden und auf der Strecke Osnabrück – Löhne – Minden gefahren. Später verlagerte sich ein Teil der Leistungen auf Sonderzüge zwischen Hamm Gbf und Soest, weil ab Mitte der 60er Jahre der Güter- und Rangierbahnhof in Hamm umgebaut wurde und Soest daher einen Teil der Hammer Zugbildungen übernehmen mußte. Während der gesamten Zeit in Hamm (vom Sommerfahrplan 1964 bis 1966/67) leisteten die Loks in der Regel 4000 bis 6000 Kilometer pro Monat, womit sie ab 1965 leicht über den Leistungen der Kirchweyher 50.40 lagen. Ab Anfang 1966 wurden dann auch beim Bw Hamm nach und nach die 50.40 z-gestellt. Als letzte wurden 1967 die 50 4022 am 23.1.67 und die 50 4031 am 10.4.67 abgestellt.

50 4018, aufgenommen im Bw Hamm im Oktober 1966. Zu dieser Zeit hing Hamm schon 'voll' unter Draht, und der Planeinsatz der 50.40 war beendet. Fotos: DGEG-Archiv.

50 4030 (Bw Hamm) beendete ihre Laufbahn mit einem Treibstangenbruch. Das kleinere Foto zeigt den Bruch unmittelbar vor dem Kreuzkopf noch deutlicher. Für den Rücktransport ins Heimat-Bw ist bereits die Schwinge abgebaut und die Steuerung festgelegt worden, so daß die Lok unter Dampf mit einem Zylinder selbst fahren kann. Die Fotos entstanden im Mai 1966 im Bw Münster.

Gut zu erkennen bei der Seitenaufnahme ist auch der Mischbehälter des MV-57 unter dem Führerhaus. In diesem Mischbehälter wurden Kaltwasser vom Tender und Warmwasser von der Speisepumpe gemischt und dem eigentlichen Mischvorwärmer zugeleitet.

Sichtbar ist auch der Umschalthahn für Direktspeisung seitlich am Stehkessel. Mit ihm konnte im Notfall (nach Durchbrechen einer Plombe) unter Umgehung des FC-Vorwärmers über das hinter der Lichtmaschine befindliche Speiseventil der Hauptkessel direkt gespeist werden. Foto: Wolfgang Fiegenbaum.

Im Januar '67 fuhren beide Loks noch zusammen 1446 km und erhielten 16,97 Tonnen Kohle. Danach wurde auch die 50 4031 nicht mehr eingesetzt bis zu ihrer z-Stellung. Dennoch wurden von Februar bis März für diese Lok noch 63 1/2 Arbeitsstunden (Unterhaltung und Verwaltung) benötigt, wobei für 14,57 DM Kleinstoffe verbraucht wurden.

Als letzte 50.40 wurden im August 1968 die ehemaligen Hammer Maschinen 50 4001, 4019, 4020, 4022 und 4023 von ihrem Abstellort Soest nach Lingen überführt und dort bis Anfang Oktober 1968 im AW zerlegt. Einzelne Ersatzteile wie Führerhäuser wurden wieder in Normal-50er eingebaut.

Beheimatungen:
```
50 4001    26.08.64–22.11.66 (+)
50 4016    19.07.64–22.11.66 (+)
50 4017    06.08.64–22.11.66 (+)
50 4018    19.07.64–24.02.67 (+)
50 4019    19.07.64–22.11.66 (+)
50 4020    24.06.64–19.08.66 (+)
50 4021    16.06.64–20.06.66 (+)
50 4022    16.06.64–22.05.67 (+)
50 4023    09.07.64–22.11.66 (+)
50 4030    16.06.64–22.11.66 (+)
50 4031    29.07.64–05.07.67 (+)
```

Im Oktober 1965 standen für die FC-Loks die Signale schon häufig auf 'Halt': 41 308 läßt im Überholungsbahnhof "Ems" (zwischen Sudmühle und Westbevern bei Münster) die 50 4001 hinter sich, die mit einem Güterzug nach Osnabrück unterwegs ist. Erst nach dem Passieren des Durchgangszuges kann sie weiterfahren (rechts). Besonders gut ist auf der stimmungsvollen Aufnahme zu sehen, daß während der Fahrt nur der Seitenschornstein in Betrieb ist. Fotos: Ludwig Rotthowe.

50 4016 (Bw Hamm) verläßt Osnabrück Hbf mit einem Dg in Richtung Münster, August 1965. Die Elektrifizierung ist bereits fast fertiggestellt. Foto: Jürgen Munzar.

Bw Osnabrück Hbf von oben, aufgenommen im Frühjahr 1966. 50 4017 (Bw Hamm) wird gerade gedreht, rechts schaut eine der letzten 93.5 aus dem Schuppen, rechts oben verläßt eine 41-Öl den Rangierbahnhof mit einem Güterzug. Foto: Carl Bellingrodt (+).

| \multicolumn{6}{c}{Die z-Stellungen der Br. 50.40} |
Datum	Lok.Nr.	Bw	Gesamtlauf-leistung in km	km seit letzter L 2	z-Stellungsgrund
9. 5.64	4024	Kirchweyhe	357 000	151 000	Flankenfahrt
25.10.64	4027	"	386 000	5 000	Unfall am 24.10.64 bei Bremen
16. 4.65	4008	Osnabrück R	442 000	131 000	Unfall am 1.3.65 bei Löhne
5. 8.65	4012	Kirchweyhe	–	25 000	ab 24.8.65 i.D. (L 0)
15. 2.66	4010	"	399 000	14 000	
15. 2.66	4029	"	394 000	58 000	Kes.Unt. über 7000 DM
28. 2.66	4021	Hamm	465 000	167 000	Kes.Unt. über 7000 DM
1. 3.66	4014	Kirchweyhe	391 000	28 000	Kes.Unt. über 7000 DM
12. 4.66	4020	Hamm	467 000	96 000	Rahmen-u. Gleitbahnträgerbruch
15. 7.66	4023	"			
30. 7.66	4019	"	428 000	60 000	Kes.Unt. über 7000 DM, Frist
4. 8.66	4011	Kirchweyhe	463 000	127 000	Rahmenbruch
19. 8.66	4030	Hamm			Stangenbruch
24. 8.66	4009	Kirchweyhe	331 000	140 000	Kes.Unt. über 7000 DM, Frist
24. 8.66	4012	"	438 000	33 000	Kes.Unt. über 7000 DM, Rahmenbruch
30. 8.66	4001	Hamm			Kes.Unt. über 7000 DM, Frist
6. 9.66	4016	"			Kes.Unt. über 7000 DM, Frist
27. 9.66	4017	"			
28. 9.66	4003	Kirchweyhe	535 000	160 000	Kes.Unt. über 7000 DM
29. 9.66	4002	"	474 000	165 000	Kes.Unt. über 7000 DM
18.11.66	4013	"	444 000	122 000	Kes.Unt. über 7000 DM
14.12.66	4018	Hamm			Kes.Unt. über 7000 DM
20.12.66	4006	Kirchweyhe	431 000	82 000	2 lose Radreifen
23. 1.67	4022	Hamm			Kes.Unt. über 7000 DM
10. 4.67	4031	"			
12. 4.67	4015	Kirchweyhe	451 000	53 000	Kes.Unt. über 7000 DM, Unfall
28. 4.67	4005	"	424 000	117 000	Kes.Unt. über 7000 DM
4. 5.67	4004	"	510 000	155 000	
19. 5.67	4026	"	435 000	83 000	Kes.Unt. über 7000 DM, Unfall
16. 6.67	4028	"	411 000	34 000	Kes.Unt. über 7000 DM, Frist
17. 6.67	4007	"	483 000	131 000	Kes.Unt. über 7000 DM, Frist
24. 6.67	4025	"	466 000	114 000	schlechter Allgemeinzustand

50 4010 am 2.7.67 abgestellt im Bw Kirchweyhe. Die Lok (z 15.2.66, + 22.5.67) war nach ihrer letzten L 2-Untersuchung nur 14.000 km gelaufen und sollte eigentlich verkauft werden. Deshalb ist sie auch noch vollständig. Foto: Wolfgang Fiegenbaum.

Die 42.90 wurden bis 1959 voll unterhalten (siehe auch Liste der Untersuchungen), sie schieden dann aus, weil sie wesentlich aufwendiger zu unterhalten waren als die 50.40. Die Loks der Baureihe 50.40 wurden bis Ende 1964 voll unterhalten. Im Juni 1965 erging die Verfügung, daß bei Ausführung einer L 3 die Zustimmung der OBL erforderlich sei.

Ein Jahr später, im Juni 1966 waren die Loks aus dem Unterhaltungsbestand ausgeschieden, eine L 0 (Bedarfsausbesserung) mit einem Kostengrenzwert von DM 5 000 war allerdings noch zugelassen. Abstellungen erfolgten häufig nicht wegen Erreichens der Laufleistungsgrenze oder Ablaufs der Kesselfrist, sondern wegen aktueller Schäden.

Die 50.40 hatten übrigens einen Kilometer-Grenzwert von 210.000 km. Unterhaltungs-AW für alle FC-Loks der DB war immer Schwerte.

Die 50.40 waren auch noch für die Umzeichnung auf EDV-Nummern vorgesehen. Dabei sollten die kohlegefeuerten 50.40 die neue Baureihenbezeichnung 054 bekommen, während die Öl-50.40 zur Baureihe 059 werden sollte.

In der Umzeichnungsliste der DB vom Juni 1967 waren noch die Loks

054 002-1, 054 003-9, 054 004-7, 054 005-4,
054 006-2, 054 007-0, 054 009-6, 054 010-4,
054 012-0, 054 013-8, 054 014-6, 054 015-3,
054 022-9, 054 025-2, 054 026-0, 054 028-6,
054 029-4, 054 031-0 enthalten.

Als der neue Nummernplan der DB (EDV-Nummern) dann am 1.1.1968 in Kraft trat, waren alle 50.40 bereits ausgemustert, so daß es nie eine 054 bei der DB gegeben hat, nicht einmal buchmäßig. In der Folge wurden die Loks hauptsächlich im AW Bremen und im AW Lingen zerlegt.

Weitgehend unbekannt ist, daß die Loks 50 4003, 4006, 4009, 4010, 4011, 4012, 4014, 4015, 4025 und 4026 in den Jahren 1966 und 1967 zum Verkauf vorgesehen waren. Käufer fanden sich jedoch nicht, und so wurden auch diese Loks verschrottet, lediglich der Kessel der 50 4011 wurde als Heizkessel an das Kraftwerk Penzberg/Obb. verkauft.

Nebenstehend:
Ausmusterungsmeldung für 50 4013. Sammlung Seewald.

Das Ende: 50 4013 (ex Bw Kirchweyhe) wird am 27.7.67 im AW Lingen verschrottet. Foto: Bernd Kappel.

Deutsche Bundesbahn

Untersuchungsfristen
F.d. Lokomotive Betr. Nr.

Laufkilometer-Grenzwert 210.000 km | **50 4013**

1	2	3	4	5	6	7	8	9
Untersuchung ausgeführt Datum			Nächste Untersuchung nach Zeitfrist (Laufkilometergrenzwert beachten)		nächste Besichtig. des Kessels	festg. - f verl. - v	nächst. zu beacht. Frist F=Fahrgest. T= Tender K= Kessel	Dienststelle Datum Name
Fahrgestell	Tender	Kessel	L 2	L 3				
23/10 63	23/10 63	30/11 58	24/10 67	18/11 66	./.	V.	K. 18.11.66	HA/AW Schwerte (Ruhr) den 18. Nov. 1965 *Brun* BxR R
Ab 18.11.1966 auf "Z" fernmdl. BD Mst M 22								HA/AW den
Ausgemustert zum 15.06.1967 mit Verf. BD Mst 21A M 22 Zlad vom 30.05.1967								HA/AW den
			Bahnbetriebswerk Kirchweyhe, den 23.06.67 *[signature]* Techn. B Amtm					HA/AW den
								HA/AW den
								HA/AW den
								HA/AW den
								HA/AW den

Letzte zulässige Frist eingetragen

Bemerkungen: Beim Festsetzen und Verlängern der Untersuchungsfristen für die Lok ist auf die Untersuchungsfristen des Fahrgestells, Kessels und Tenders (besonders falls dieser getauscht wurde) zu achten.

946 03 Untersuchungsfristen für die Lokomotive A4 h

Resumée und Ausblick

Nach den zunächst überaus guten Betriebserfahrungen mit der 50 1412 sahen die Verantwortlichen im FC-Kessel die wohl beste Möglichkeit, die Dampflokomotive wirtschaftlicher zu machen. Bei einigen Mitgliedern des Lokomotiv-Fachausschusses war sogar die anfängliche Skepsis gegen die aufwendige Anlage einer allgemeinen Begeisterung gewichen. Zu diesen Mitgliedern gehörte auch Friedrich Witte, der den FC-Kessel ursprünglich strikt abgelehnt hatte und dann ab 1954 sogar mehrere Konzepte zur Rauchgasvorwärmung selbst entwarf. Ein Grund für diesen Meinungswandel war wohl bei vielen Dampflokomotiv-Technikern die Erkenntnis, daß auch mit den Verfeinerungen der neuen Einheitslokomotiven das Grundübel der Dampflok, der geringe Energieumsatz gegenüber den anderen Traktionsarten, nicht behoben werden konnte.

So sahen die Befürworter eines, wenn auch begrenzten, Weiterbaus von Dampflokomotiven wohl nur in der grundlegenden thermischen Verbesserung der Maschinen eine Möglichkeit, den Argumenten der strikten Dampfgegner in Bundesbahnhauptverwaltung und "konkurrierenden" Fachausschüssen zu begegnen.

Daß die Dampflok nicht am Ende ihrer Entwicklung angelangt war, ließ sich nun aus den Versuchsergebnissen mit 50 1412 trefflich belegen. Warum sich die Techniker aber gerade an dem technisch aufwendigen Franco-Crosti-Kessel regelrecht "festbissen", ist im Nachhinein auch mit der deutschen Techniker-Philosophie, um jeden Preis bei der einfachen Dampfdehnung zu bleiben, kaum vollständig zu erklären. Bekannt war es jedenfalls den deutschen Technikern, daß im Nachbarland Frankreich die von André Chapelon gestalteten Vierzylinderverbund-Lokomotiven eine Energieausnutzung von rund 12 Prozent erreichten.

1955 waren bereits Überlegungen angestellt worden, in großem Umfang Lokomotiven mit FC-Kesseln auszurüsten. Friedrich Witte am 14.12.55 im Lok-Fachausschuß: "Auf dem Gebiet der Speisewasservorwärmung hat sich insofern ein einschneidender Wandel vollzogen, als für den planmäßigen Ersatz von Kesseln der Br. 50, 41 und 03.10 nunmehr die Abgas-Speisewasservorwärmung vorgesehen ist. Diese Entscheidung ist bestimmt durch die hohen Kohlenersparnisse, die mit

FC-Kessel mit doppelter Umkehrung der Rauchgase, projektiert von Henschel für zwei Loks der Br. 41. Der Seitenaufriß läßt ein gut proportioniertes Erscheinungsbild der Umbaulok vermuten.

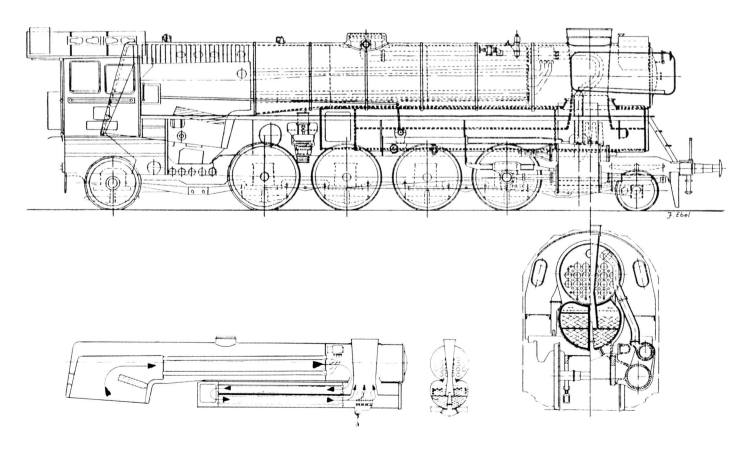

solchen Anlagen erzielt worden sind."

Die fertigen Pläne wanderten allerdings vorerst in die Ablage, als bei 50 1412 die Kesselschäden nicht in den Griff zu bekommen waren. Als für die 50.40 ein sicheres Dosierungsverfahren zur Verfügung stand, war inzwischen die Zeit über die Pläne hinweggegangen – die Neubaukessel normaler Ausführung waren schon in Lieferung.

Interessant ist allerdings ein Umbauprojekt zur Br. 41 von 1958, für das von Henschel ein modifizierter FC-Kessel entwickelt worden ist. Bei diesem Kessel ist der Vorwärmer zweigeteilt, so daß das Speisewasser und die Rauchgase nochmals umgelenkt wurden. Diese Umkehrung des Speisewassers im Vorwärmer hätte wohl eine wesentlich größere Wasserströmung im Vorwärmer verursacht und somit die Quelle des Lochfraßes an Rohren und Kesselwandung, nämlich das Ansetzen von Gasbläschen, verhindert. Zusätzlich hätte die Lok wieder die Ideallinie mit vorn liegender Saugzuganlage gehabt. Mit dieser Ausführung hätte der FC-Kessel wohl endgültig seine Kinderkrankheiten verloren. Einen Eindruck von dieser recht wohlgestalt wirkenden Umbaulok geben die Zeichnungen. 1958 war der Umbau von zwei Loks der Br. 41 projektiert, die Hauptverwaltung der DB erteilte dann aber keinen Auftrag. Leider ist somit das wohl vielversprechendste Dampflokprojekt der DB nicht verwirklicht worden.

Ein weiteres Vorwärmerprojekt stammte von Friedrich Witte. Er plante, einen Abgasvorwärmer zu realisieren, bei dem er vor den eigentlichen Langkessel eine Zwischenrauchkammer mit Überhitzersammelkasten baute. Davor sollte in der Verlängerung der Kesselachse ein weiterer Kesselschuß mit eigenem Rohrbündel als Abgasvorwärmer fungieren. Davor hätte dann die Rauchkammer mit der Saugzuganlage gesessen. Dieses Umbauprojekt war ebenfalls für die Baureihe 41 projektiert, wurde aber nicht verwirklicht.

Verlockend ist es immer, an solcher Stelle zu überlegen, was wäre gewesen, wenn... Hier soll nun diese Überlegung nicht weitergesponnen werden, zumal allgemein bekannt ist, daß die Entwicklung der Dampflok bei uns abrupt abbrach, als gerade die Erstarrung der letzten zwanzig Jahre aufgebrochen werden konnte. Auch in anderen Ländern, hier sei wieder auf die Französische Staatsbahn mit ihrem genialen Konstrukteur A. Chapelon verwiesen, brach die Entwicklung abrupt ab.

Daß das Ende der Dampflokentwicklung nicht nur rationale, technische Gründe hatte, ist ebenso bekannt. Nicht nur in den siebziger Jahren wurde deutlich, daß auch mit Brennstoffpreisen trefflich Politik zu machen ist....

Natürlich soll hier nicht einer verfehlten Sehnsucht nach der Dampflok vergangener Prägung das Wort geredet werden, aber unmöglich scheint zu einer Zeit, in der die "Energie"-Preise das Rennen lernen, nichts mehr zu sein. Und Überlegungen wurden schon von verschiedenen Bahnen, z.B. in den USA, angestellt, ob eine neuzeitliche Dampflok (die wohl auch Einzelachsantrieb, Staubfeuerung mit Entgiftung, Hochdruckkessel und Abgasvorwärmung hätte) nicht doch einer Großdiesellok überlegen ist, für deren Betrieb eine kostenaufwendige Infrastruktur nötig ist.

Im übrigen ist die Abgasvorwärmung keineswegs tot: Auch in den achtziger Jahren standen bei der Italienischen Staatsbahn noch einige Franco-Crosti-Lokomotiven der Br. 741 im Einsatz.

Außerdem wird in nahezu jeder Kesselanlage, sei es von Kraftwerken oder Heizkraftwerken, nach dem Prinzip des Rauchgasvorwärmers das Speisewasser vorgewärmt. Und hier schließt sich der Bogen wieder: Die Rauchgasvorwärmung macht auch die DB-Elektrolokomotiven wirtschaftlicher, denn die DB erzeugt ihren Fahrstrom fast zur Gänze in kohlegefeuerten Kraftwerken.

50 4023 (Bw Hamm) ist mit einem Übergabezug unterwegs und bedient einen Anschluß in Hiltrup (bei Münster), Winter 1964/65. Foto: Wolfgang Fiegenbaum.

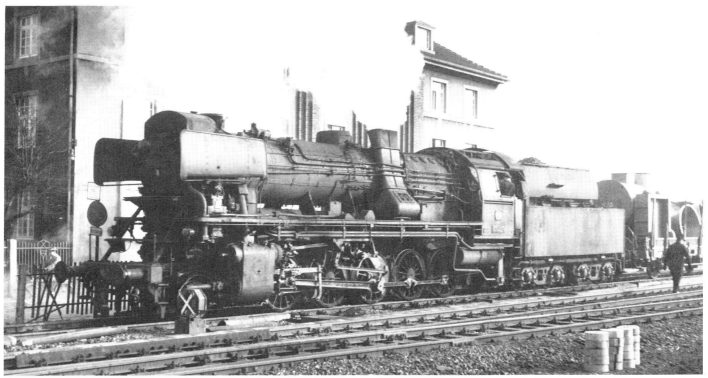

Anhang
Betriebsbuchauszüge von 42.90 und 50.40

```
42 9000
Fabr-Nr: Henschel 28313/1950
Anlief.: 30.12.50
Abnahme: 03.02.51
13.01.51 - 24.05.52  Minden
25.05.52 - 09.04.58  Bingerbrück
31.05.58 - 19.01.59  Oberlahnstein
20.01.59 -     +     Oberlahnstein z
+ 23.07.59
```

```
42 9001
Fabr-Nr: Henschel 28314/1950
Anlief.: 25.01.51
Abnahme: 08.02.51
09.02.51 - 24.05.52  Minden
25.05.52 - 05.01.58  Bingerbrück
28.05.58 - 07.04.60  Oberlahnstein
08.04.60 -     +     Oberlahnstein z
+ 30.09.60
```

```
50 4001   ex 50 1412
Rahmen : Floridsdorf 9213/1941  aus 50 1412
Kessel : Henschel 28774/1954
Abnahme: 11.11.54  AW Göttingen
    .54 - 11.11.54  AW Göttingen
12.11.54 - 18.03.58  Bingerbrück
gemäß Verf. vom BZA Minden ab 15.09.58 '50 4001'
16.09.58 - 02.05.62  Oberlahnstein
12.06.62 - 28.07.64  Bingerbrück
26.08.64 - 30.08.66  Hamm
31.08.66 -     +     Hamm z
+ 22.11.66
++       68  AW Lingen/Ems
```

```
50 4002   ex 50 1887
Rahmen : BMAG 11785/1941  aus 50 1887
Kessel : Henschel 29732/1958
Abnahme: 26.08.58  AW Schwerte
20.05.58 - 26.08.58  AW Schwerte
27.08.58 - 28.09.66  Kirchweyhe
29.09.66 -     +     Kirchweyhe z
+ 22.05.67
```

```
50 4003   ex 50 1509
Rahmen : BZA Minden 591 (ursprüngliche Nr. nicht
         feststellbar), ferner Teile der 50 1509,
         deren Rahmen in 50 4005 eingebaut wurde
Kessel : Henschel 29729/1958
Abnahme: 03.09.58  AW Schwerte
26.06.58 - 03.09.58  AW Schwerte
04.09.58 - 09.07.59  Kirchweyhe
21.07.59 - 07.05.65  Osnabrück Vbf
08.05.65 - 27.09.66  Kirchweyhe
28.09.66 -     +     Kirchweyhe z
+ 22.05.67
++       AW Bremen
```

```
50 4004   ex 50 044
Rahmen : Henschel 25753/1940  aus 50 534 (die
         mit anderem Rahmen weiter in Betrieb
         blieb), ferner Teile der 50 044, deren
         Rahmen in 50 4008 eingebaut wurde
Kessel : Henschel 29735/1958
Abnahme: 09.09.58  AW Schwerte
  .06.58 - 09.09.58  AW Schwerte
10.09.58 - 10.06.59  Kirchweyhe
11.06.59 - 18.05.65  Osnabrück Vbf (buchmäßig
                                    bis 20.05.65)
16.06.65 - 03.05.67  Kirchweyhe (ab 21.05.65)
04.05.67 -     +     Kirchweyhe z
+ 14.11.67
```

```
50 4005   ex 50 2828
Rahmen : Henschel 26319/1941  aus 50 1509, ferner
         Teile der 50 2828, deren Rahmen nicht
         weiterverwendet wurde
Kessel : Henschel 29731/1958
Abnahme: 01.10.58  AW Schwerte
24.09.58 - 01.10.58  AW Schwerte
02.10.58 - 19.05.59  Kirchweyhe
20.05.59 - 17.05.65  Osnabrück Vbf
18.05.65 - 27.04.67  Kirchweyhe
28.04.67 -     +     Kirchweyhe z
+ 14.11.67
```

```
50 4006   ex 50 2814
Rahmen : BZA Minden 596 (ursprüngliche Nr. nicht
         feststellbar), ferner Teile der 50 2814,
         deren Rahmen in 50 4012 eingebaut wurde
Kessel : Henschel 29734/1958
Abnahme: 01.10.58  AW Schwerte
    .58 - 01.10.58  AW Schwerte
02.10.58 - 27.09.59  Kirchweyhe
30.11.59 - 10.11.60  Osnabrück Vbf
11.11.60 - 19.12.66  Kirchweyhe
20.12.66 -     +     Kirchweyhe z
+ 22.05.67
```

```
50 4007   ex 50 346
Rahmen : BMAG 11860/1942  aus 50 2610 (die aber
         mit anderem Rahmen weiter in Betrieb
         blieb), ferner Teile der 50 346, deren
         Rahmen in 50 4010 eingebaut wurde
Kessel : Henschel 29730/1958
Abnahme: 01.10.58  AW Schwerte
    .58 - 01.10.58  AW Schwerte
02.10.58 - 09.12.60  Kirchweyhe (buchmäßig bis
                                 27.12.60)
28.12.60 - 25.04.65  Osnabrück Vbf (bis 07.05.65)
20.05.65 - 16.06.67  Kirchweyhe (ab 08.05.65)
17.06.67 -     +     Kirchweyhe z
+ 14.11.67
```

```
50 4008   ex 50 077
Rahmen : Henschel 24644/1939  aus 50 044, ferner
         Teile der 50 077, deren Rahmen in 50
         4013 eingebaut wurde
Kessel : Henschel 29733/1958
Abnahme: 01.10.58  AW Schwerte
09.09.58 - 01.10.58  AW Schwerte
02.10.58 - 18.04.59  Kirchweyhe
10.06.59 - 15.04.65  Osnabrück Vbf
16.04.65 - 16.05.65  Osnabrück Vbf z
17.05.65 -     +     Kirchweyhe z
+ 01.09.65
```

```
50 4009   ex 50 1434
Rahmen : BMAG 11766/1941  aus 50 1868 (die aber
         mit anderem Rahmen weiter in Betrieb
         blieb), ferner Teile der 50 1434, deren
         Rahmen in 50 4014 eingebaut wurde
Kessel : Henschel 29736/1958
Abnahme: 24.10.58  AW Schwerte
    .58 - 24.10.58  AW Schwerte
24.10.58 - 06.12.59  Kirchweyhe
07.12.59 - 29.01.60  Osnabrück Vbf
30.01.60 - 23.08.66  Kirchweyhe
24.08.66 -     +     Kirchweyhe z
+ 22.05.67
```

<u>50 4010</u> ex 50 362 Rahmen : Henschel 24980/1940 aus 50 346, ferner 　　　　　Teile der 50 362, deren Rahmen nicht 　　　　　weiterverwendet wurde Kessel : Henschel 29737/1958 Abnahme: 12.10.58 AW Schwerte 　　　.58 - 12.10.58　　AW Schwerte 13.10.58 - 14.02.66　Kirchweyhe 15.02.66 -　　　+　Kirchweyhe <u>z</u> + 22.05.67	<u>50 4016</u> ex 50 2380 Rahmen : Henschel 25838/1940 aus 50 619, ferner 　　　　　Teile der 50 2380, deren Rahmen in 50 　　　　　4021 eingebaut wurde Kessel : Henschel 29807/1958 Abnahme: 17.12.58 AW Schwerte 　　　.58 - 17.12.58　　AW Schwerte 18.12.58 - 29.04.59　Kirchweyhe 30.04.59 - 17.05.62　Oberlahnstein 18.05.62 - 18.07.64　Bingerbrück 19.07.64 - 05.09.66　Hamm 06.09.66 -　　　+　Hamm <u>z</u> + 22.11.66
<u>50 4011</u> ex 50 1422 Rahmen : Schichau 3541/1942 aus 50 2540 (die aber 　　　　　mit anderem Rahmen weiter in Betrieb 　　　　　blieb), ferner Teile der 50 1422, deren 　　　　　Rahmen nicht weiterverwendet wurde Kessel : Henschel 29738/1958 Abnahme: 04.11.58 AW Schwerte 　　　　　04.05.59 AW Kassel (provisorisch) 　　　　　19.05.59 AW Schwerte 06.09.58 - 04.11.58　AW Schwerte 05.11.58 - 04.05.59　Privat-AW Henschel in Kassel 　　　　　　　　　　　(Einbau Ölhauptfeuerung) 05.05.59 - 19.05.59　AW Schwerte 20.05.59 - 03.08.66　Kirchweyhe 04.08.66 -　　　+　Kirchweyhe <u>z</u> + 24.02.67	<u>50 4017</u> ex 50 1319 Rahmen : MBA 13652/1941 aus 50 1751 (die aber 　　　　　mit anderem Rahmen weiter in Betrieb 　　　　　blieb), ferner Teile der 50 1319, deren 　　　　　Rahmen in 50 4023 eingebaut wurde Kessel : Henschel 29808/1958 Abnahme: 23.12.58 AW Schwerte 　　　.58 - 23.12.58　　AW Schwerte 24.12.58 - 29.04.59　Kirchweyhe 30.04.59 - 23.04.62　Oberlahnstein 25.05.62 - 20.07.64　Bingerbrück 06.08.66 - 26.09.66　Hamm 27.09.66 -　　　+　Hamm <u>z</u> + 22.11.66
<u>50 4012</u> ex 50 619 Rahmen : Krauss-Maffei 16331/1942 aus 50 2814, 　　　　　ferner Teile der 50 619, deren Rahmen 　　　　　in 50 4016 eingebaut wurde Kessel : Henschel 29803/1958 Abnahme: 12.11.58 AW Schwerte 　　　.58 - 12.11.58　　AW Schwerte 13.11.58 - 28.01.60　Kirchweyhe 29.01.60 - 28.12.60　Osnabrück Vbf 29.12.60 - 10.05.65　Kirchweyhe 11.05.65 - 04.08.65　Kirchweyhe <u>z</u> 05.08.65 - 23.08.66　Kirchweyhe 24.08.66 -　　　+　Kirchweyhe <u>z</u> + 22.05.67	<u>50 4018</u> ex 50 216 Rahmen : Floridsdorf 9552/1942 aus 50 2965 (die 　　　　　mit anderem Rahmen weiter in Betrieb 　　　　　blieb), ferner Teile der 50 216, deren 　　　　　Rahmen in 50 4024 eingebaut wurde Kessel : Henschel 29809/195 Abnahme: 13.01.59 AW Schwerte 　　　.58 - 13.01.59　　AW Schwerte 14.01.59 - 26.04.59　Kirchweyhe 27.04.59 - 28.05.62　Oberlahnstein 29.05.62 - 18.07.64　Bingerbrück 19.07.64 - 13.12.66　Hamm 14.12.66 -　　　+　Hamm <u>z</u> + 24.02.67
<u>50 4013</u> ex 50 379 Rahmen : Henschel 24697/1939 aus 50 077, ferner 　　　　　Teile der 50 379, deren Rahmen in 50 　　　　　4020 eingebaut wurde Kessel : Henschel 29805/1958 Abnahme: 03.12.58 (!) AW Schwerte 24.10.58 - 30.11.58　AW Schwerte 01.12.58 - 10.11.60　Kirchweyhe 11.11.60 - 20.05.65　Osnabrück Vbf 21.05.65 - 17.11.66　Kirchweyhe 18.11.66 -　　　+　Kirchweyhe <u>z</u> + 22.05.67	<u>50 4019</u> ex 50 3015 Rahmen : Krauss-Maffei 16085/1941 aus 50 875, 　　　　　ferner Teile der 50 3015, deren Rahmen 　　　　　in 50 4025 eingebaut wurde Kessel : Henschel 29810/1958 Abnahme: 14.01.59 AW Schwerte Lastprobefahrt von Schwerte nach Hamm 10.12.58 - 14.01.59　AW Schwerte 15.01.59 - 28.04.59　Kirchweyhe 29.04.59 - 22.05.62　Oberlahnstein 23.05.62 - 18.07.64　Bingerbrück 19.07.64 - 29.07.66　Hamm 30.07.66 -　　　+　Hamm <u>z</u> + 22.11.66 ++　　09.68　AW Lingen/Ems
<u>50 4014</u> ex 50 875 Rahmen : Henschel 26244/1941 aus 50 1434, ferner 　　　　　Teile der 50 875, deren Rahmen in 50 　　　　　4019 eingebaut wurde Kessel : Henschel 29804/1958 Abnahme: 02.12.58 AW Schwerte 　　　.58 - 02.12.58　　AW Schwerte 02.12.58 - 28.02.66　Kirchweyhe 01.03.66 -　　　+　Kirchweyhe <u>z</u> + 22.05.67	<u>50 4020</u> ex 50 1326 Rahmen : Borsig 14969/1940 aus 50 379, ferner 　　　　　Teile von 50 1326, deren Rahmen in 50 　　　　　4026 eingebaut wurde Kessel : Henschel 29811/1958 Abnahme: 22.01.59 AW Schwerte 　　　.58 - 21.01.59　　AW Schwerte 22.01.59 - 27.04.59　Kirchweyhe 28.04.59 - 28.05.62　Oberlahnstein 29.05.62 - 23.06.64　Bingerbrück 24.06.64 - 11.04.66　Hamm 12.04.66 -　　　+　Hamm <u>z</u> + 19.08.66 ++　　.68　AW Lingen/Ems
<u>50 4015</u> ex 50 969 Rahmen : Floridsdorf 9119/1940 aus 50 761 (die 　　　　　mit anderem Rahmen weiter in Betrieb 　　　　　blieb), ferner Teile der 50 969, deren 　　　　　Rahmen in 50 4022 eingebaut wurde Kessel : Henschel 29806/1958 Abnahme: 09.12.58 AW Schwerte 　　　.58 - 09.12.58　　AW Schwerte 10.12.58 - 11.04.67　Kirchweyhe 12.04.67 -　　　+　Kirchweyhe <u>z</u> + 05.07.67	

50 4021   ex 50 820
Rahmen : Krauss-Maffei 16255/1942 aus 50 2380,
          ferner Teile der 50 820, deren Rahmen
          in 50 4027 eingebaut wurde
Kessel : Henschel 29812/1958
Abnahme: 28.01.59   AW Schwerte

           .58 - 28.01.59   AW Schwerte
27.01.59 - 27.04.59   Kirchweyhe
28.04.59 - 14.05.62   Oberlahnstein
15.05.62 - 15.06.64   Bingerbrück
16.06.64 - 27.02.66   Hamm
28.02.66 -   + Hamm z
+ 20.06.66

50 4022   ex 50 097
Rahmen : Krupp 2334/1941 aus 50 969, ferner
          Teile der 50 097, deren Rahmen nicht
          weiterverwendet wurde
Kessel : Henschel 29814/1958
Abnahme: 16.02.59   AW Schwerte

           - 16.02.59   AW Schwerte
17.02.59 - 26.04.59   Kirchweyhe
27.04.59 - 14.05.62   Oberlahnstein
15.05.62 - 15.06.64   Bingerbrück
16.06.64 - 22.01.67   Hamm
23.01.67 -   + Hamm z
+ 22.05.67
++   .68   AW Lingen/Ems

50 4023   ex 50 942
Rahmen : BMAG 11613/1941 aus 50 1319, ferner
          Teile der 50 942, deren Rahmen nicht
          weiterverwendet wurde
Kessel : Henschel 29813/1958
Abnahme: 08.02.59   AW Schwerte

           - 08.02.59   AW Schwerte
09.02.59 - 28.04.59   Kirchweyhe
29.04.59 - 17.05.62   Oberlahnstein
18.05.62 - 04.06.64   Bingerbrück
09.07.64 - 14.07.66   Hamm
15.07.66 -   + Hamm z
+ 22.11.66
++   68   AW Lingen/Ems

50 4024   ex 50 1272
Rahmen : Krupp 2082/1939 aus 50 216, ferner
          Teile der 50 1272, deren Rahmen nicht
          weiterverwendet wurde
Kessel : Henschel 29815/1958
Abnahme: 23.02.59   AW Schwerte

           - 23.02.59   AW Schwerte
24.02.59 - 08.05.64   Kirchweyhe
09.05.64 -   + Kirchweyhe z
+ 01.09.65

50 4025   ex 50 1885
Rahmen : Esslingen 4506/1942 aus 50 3015, ferner
          Teile der 50 1885, deren Rahmen nicht
          weiterverwendet wurde
Kessel : Henschel 29816/1958
Abnahme: 27.02.59   AW Schwerte

           - 27.02.59   AW Schwerte
28.02.59 - 26.03.59   Osnabrück Hbf
27.03.59 - 23.06.67   Kirchweyhe
24.06.67 -   + Kirchweyhe z
+ 14.11.67
++   AW Bremen

50 4026   ex 50 636
Rahmen : BMAG 11620/1941 aus 50 1326, ferner
          Teile der 50 636, deren Rahmen nicht
          weiterverwendet wurde
Kessel : Henschel 29817/1959
Abnahme: 10.06.59   AW Schwerte

           - 10.06.59   AW Schwerte
11.06.59 - 18.05.67   Kirchweyhe
19.05.67 -   + Kirchweyhe z
+ 14.11.67

50 4027   ex 50 1651
Rahmen : Krauss-Maffei 16029/1940 aus 50 820,
          ferner Teile der 50 1651, deren Rahmen
          nicht weiterverwendet wurde
Kessel : Henschel 29818/1959
Abnahme: 22.06.59   AW Schwerte

           - 22.06.59   AW Schwerte
23.06.59 - 24.10.64   Kirchweyhe
25.10.64 -   + Kirchweyhe z
+ 01.09.65

50 4028   ex 50 2464
Rahmen : Krupp 2629/1942 aus 50 2464
Kessel : Henschel 29819/1959
Abnahme: 30.06.59   AW Schwerte

           - 30.06.59   AW Schwerte
01.07.59 - 15.06.67   Kirchweyhe
16.06.67 -   + Kirchweyhe z
+ 14.11.67

50 4029   ex 50 980
Rahmen : Krupp 2345/1941 aus 50 980
Kessel : Henschel 29820/1959
Abnahme: 13.07.59   AW Schwerte

           - 13.07.59   AW Schwerte
14.07.59 - 14.02.66   Kirchweyhe
15.02.66 -   + Kirchweyhe z
+ 22.05.67

50 4030   ex 50 194
Rahmen : Krupp 2060/1939 aus 50 194
Kessel : Henschel 29821/1959
Abnahme: 05.08.59   AW Schwerte

09.02.59 - 05.08.59   AW Schwerte
06.08.59 - 27.05.62   Oberlahnstein
28.05.62 - 15.06.64   Bingerbrück
16.06.64 - 18.08.66   Hamm
19.08.66 -   + Hamm z
+ 22.11.66

50 4031   ex 50 1781
Rahmen : Schichau 3482/1941 aus 50 1781
Kessel : Henschel 29822/1959
Abnahme: 01.09.59   AW Schwerte

20.01.59 - 01.09.59   AW Schwerte
02.09.59 - 27.05.62   Oberlahnstein
28.05.62 - 28.07.64   Bingerbrück
29.07.64 - 09.04.67   Hamm
10.04.67 -   + Hamm z
+ 05.07.67

Untersuchungen (nur Loks der BD Münster)

Lok-Nr.	Art der Unt	außer Betrieb ab	Ausgang aus dem AW am	Kilometer in Tausend seit letzter L2/L3	Bem.
4002	L2		30.09.60	161	
4002	L0	08.10.61	19.01.62	82	
4002	L2	19.11.62	22.12.62	148	FC-Kessel neu
4002	L0	22.12.63	05.02.64	76	
4002	L0	27.03.64	08.09.64	114	
4002	L0	03.09.65	29.09.65	155	
4003	L0		21.07.59	49	
4003	L0		21.09.59	60	
4003	L0	13.04.60	06.05.60	106	
4003	L2	02.61	23.02.61	174	
4003	L0		15.07.61	28	
4003	L0	21.10.61	02.03.62	54	FC-Kessel neu
4003	L0	15.03.62	22.03.62	58	
4003	L0	19.07.62	10.08.62	86	
4003	L0	01.03.63	23.04.63	124	
4003	L0	08.05.63	12.06.63	125	
4003	L0	13.11.63	10.12.63	157	
4003	L2	05.08.64	07.10.64	201	
4003	L0	11.10.64	28.10.64	2	
4003	L0	03.09.65	29.09.65	155	
4004	L0		15.10.59	88	
4004	L2	06.60	08.07.60	149	
4004	L0	20.12.60	30.12.60	46	
4004	L0		04.04.61	68	
4004	L0		14.07.61	89	
4004	L0	22.09.61	11.10.61	105	
4004	L0	21.10.61	09.03.62	108	FC-Kessel neu
4004	L0	14.08.62	04.09.62	147	
4004	L0	27.11.62	12.12.62	168	
4004	L2	15.08.63	10.10.63	210	
4004	L0	10.09.64	29.09.64	79	
4004	L0	09.03.65	02.04.65	112	
4004	L0	14.05.65	16.06.65	120	
4004	L0	01.04.66	03.05.66	138	
4005	L2	06.60	14.07.60	132	
4005	L0	01.11.60	21.11.60	26	
4005	L0		05.04.61	61	
4005	L0	20.10.61	12.03.62	104	FC-Kessel neu
4005	L0	13.04.62	02.05.62	109	
4005	L0	05.05.62	18.05.62	109	
4005	L0	30.11.62	20.12.62	153	
4005	L2	25.04.63	13.07.63	185	
4005	L0	19.09.63	05.10.63	10	
4005	L0	03.12.63	15.01.64	19	
4005	L0	18.02.64	20.03.64	28	
4005	L0	31.07.64	27.08.64	53	
4005	L0	20.02.65	31.03.65	86	
4005	L0	31.03.66	28.04.66	102	
4006	L0		30.11.59	82	
4006	L0	01.02.60	10.03.60	98	
4006	L0	16.04.60	18.05.60	106	
4006	L0	18.07.60	02.08.60	112	
4006	L2		17.04.61	172	
4006	L0	14.09.61	22.09.61	32	
4006	L0	20.10.61	08.02.62	39	FC-Kessel neu
4006	L0	10.08.62	29.08.62	69	
4006	L0	03.02.63	18.03.63	103	
4006	L2	13.03.64	14.04.64	177	
4006	L0	08.08.64	02.09.64	25	
4006	L0	14.04.65	12.05.65	56	
4006	L0	11.05.66	08.06.66	71	

Lok-Nr.	Art der Unt	außer Betrieb ab	Ausgang aus dem AW am	Kilometer in Tausend seit letzter L2/L3	Bem.
4007	L0		17.08.59	67	
4007	L2	12.60	23.12.60	169	
4007	L0		28.03.61	23	
4007	L0	22.08.61	07.09.61	55	
4007	L0	21.10.61	15.03.62	59	FC-Kessel neu
4007	L0	05.12.62	17.01.63	122	
4007	L2	12.08.63	30.09.63	183	
4007	L0	27.04.64	04.06.64	46	
4007	L0	17.06.64	10.07.64	48	
4007	L0	04.08.64	28.08.64	58	
4007	L0	28.11.64	31.12.64	70	
4007	L0	01.04.65		20.05.65	90
4007	L0		20.06.66	111	
4008	L0		10.06.59	43	
4008	L2	15.06.60	05.07.60	131	
4008	L0		06.04.61	62	
4008	L0	20.10.61	28.02.62	101	FC-Kessel neu
4008	L2	27.02.63	13.03.63	180	
4008	L0	01.04.63	22.04.63	2	
4008	L0	13.03.64	16.04.64	72	
4009	L0		25.03.59	21	
4009	L0		09.12.59	55	
4009	L0	18.11.60	03.12.60	128	
4009	L0		22.03.61	150	
4009	L2	22.10.61	31.01.62	191	FC-Kessel neu
4009	L0	18.01.63	26.11.63	66	
4009	L0	03.07.64	31.07.64	102	
4009	L0	28.07.65	24.08.65	140	danach abg.!
4010	L0	25.01.60	24.02.60	90	
4010	L0	01.61	09.02.61	143	
4010	L0		21.03.61	153	
4010	L2	20.10.61	19.12.61	191	FC-Kessel neu
4010	L0	19.11.62	03.12.62	73	
4010	L0	03.12.63	08.01.64	136	
4010	L0	22.10.64	05.11.64	184	
4010	L2	08.01.65	18.02.65	194	
4011	L0	24.03.60	11.05.60	77	
4011	L0	10.08.60	30.08.60	100	
4011	L0	18.09.60	03.10.60	105	
4011	L0	18.11.60	07.12.60	116	
4011	L0	30.12.60	11.01.61	123	
4011	L0		24.03.61	132	
4011	L2		17.10.61	169	
4011	L0	22.10.61	16.11.61	1	
4011	L0	02.03.62	21.03.62	23	
4011	L0	06.10.62	25.10.62	72	
4011	L0	26.10.62	31.10.62	72	
4011	L0	28.11.62	20.12.62	79	
4011	L0	06.03.63	12.06.63	110	
4011	L0	29.09.63	22.10.63	140	
4011	L0	23.10.63	02.01.64	140	
4011	L2	14.04.64	27.05.64	167	
4011	L0	21.10.64	06.11.64	43	
4011	L0	30.01.65	10.03.65	62	
4011	L0	11.03.65	13.03.65	62	
4011	L0	20.08.65	17.09.65	101	
4011	L0	09.12.65	12.01.66	120	

Lok-Nr.	Art der Unt	außer Betrieb ab	Ausgang aus dem AW am	Kilometer in Tausend seit letzter L2/L3	Bem.
4012	LO		28.01.59	14	
4012	LO	18.07.60	16.08.60	116	
4012	LO		18.03.61	164	
4012	L2		27.11.61	204	FC-Kessel neu
4012	LO	22.10.62	14.11.62	74	
4012	LO		03.01.64	149	
4012	LO	14.05.64	16.06.64	175	
4012	L2	23.10.64	16.11.64	201	
4012	LO		24.08.65	25	
4013	LO	20.02.60	14.03.60	95	
4013	L2	08.01.61	01.02.61	161	
4013	LO		30.03.61	14	
4013	LO	14.08.61	29.08.61	44	
4013	LO	21.10.61	23.03.62	57	FC-Kessel neu
4013	LO	23.06.62	11.07.62	76	
4013	LO	22.03.63	03.05.63	136	
4013	LO	06.09.63	23.09.63	160	
4013	L2	28.09.63	24.10.63	161	
4013	LO	24.02.64	06.04.64	24	
4013	LO	24.10.64	29.10.64	65	
4013	LO	28.11.64	31.12.64	71	
4013	LO	11.02.65	10.03.65	80	
4013	LO	29.10.65	18.11.65	98	
4014	LO		09.12.59	53	
4014	LO		27.02.61	148	
4014	L2	10.61	06.02.62	189	FC-Kessel neu
4014	LO	06.02.63	08.03.63	69	
4014	LO	16.01.64	14.02.64	117	
4014	L2	14.02.65	16.03.65	174	
4015	LO		21.07.59	44	
4015	LO		15.11.60	151	
4015	LO		15.03.61	173	
4015	LO		05.09.61	201	
4015	L2	22.10.61	16.02.62	14	FC-Kessel neu
4015	LO	15.02.63	05.04.63	80	
4015	LO	27.03.64	30.04.64	145	
4015	LO	25.03.65	14.04.65	197	
4015	LO	14.04.66	06.05.66	24	
4024	LO	30.12.61	16.01.61	151	
4024	LO		17.03.61	162	
4024	L2		15.01.62	206	FC-Kessel neu
4024	LO	01.01.63	24.01.63	72	
4024	LO	28.09.63	24.10.63	121	
4024	LO		23.04.64	151	danach abg.!
4025	L2	02.12.60	19.12.60	150	
4025	LO		20.03.61	20	
4025	LO	18.08.61	13.09.61	52	
4025	LO	19.10.61	26.01.62	59	FC-Kessel neu
4025	LO	28.02.63	29.04.63	134	
4025	L2	09.04.64	11.05.64	202	
4025	LO	11.05.65	26.05.65	46	
4025	LO	27.05.66	24.06.66	82	
4026	LO		23.10.59	29	
4026	LO		24.03.61	146	
4026	L2		22.09.61	180	
4026	LO	20.10.61	06.02.62	7	FC-Kessel neu
4026	LO	22.01.63	18.02.63	76	
4026	LO	05.02.64	02.03.64	147	
4026	LO	19.04.64	29.06.64	166	
4026	L2	31.07.64	07.09.64	172	
4026	LO	08.12.64	07.01.65	15	
4026	LO	04.05.65	03.06.65	27	
4026	LO	02.06.66	05.07.66	54	
4027	LO	01.61	25.01.61	144	
4027	LO		27.03.61	158	
4027	L2		29.01.62	203	FC-Kessel neu
4027	LO	01.08.62	23.08.62	38	
4027	LO	28.01.63	20.02.63	73	
4027	LO	10.02.64	09.03.64	147	
4027	LO	14.05.64	08.06.64	160	
4027	L2	29.08.64	29.09.64	178	
4028	LO	08.12.60	23.12.60	125	
4028	LO		06.03.61	141	
4028	L2	10.61	16.02.62	187	FC-Kessel neu
4028	LO	16.02.63	25.03.63	81	
4028	LO	25.03.64	23.04.64	143	
4028	L2	23.04.65	17.05.65	190	
4028	LO	17.05.66	15.06.66	4	
4029	LO	12.05.60	01.06.60	80	
4029	LO		07.04.61	145	
4029	L2	21.10.61	21.02.62	185	FC-Kessel neu
4029	LO		20.02.63	80	
4029	LO	21.02.63	16.04.63	80	
4029	L2	16.04.64	14.05.64	151	
4029	LO	22.01.65	18.02.65	45	

Angaben zu 50 4019, 4020, 4021

Leider liegen uns von den 50.40, die nicht während ihrer gesamten Dienstzeit in der BD Münster beheimatet waren (das sind 50 4001, 4016-4023, 4030, 4031) und bei den Bahnbetriebswerken Oberlahnstein, Bingerbrück und Hamm liefen, nur die Angaben der Loks 50 4019 bis 4021 vor. Die Angaben können aber auch für die übrigen Loks als durchaus tendenziell repräsentativ angesehen werden.

Lok-Nr.	Art der Unt	außer Betrieb ab	Ausgang aus dem AW am	Kilometer in Tausend seit letzter L2/L3	Bem.
4019	LO	22.09.59	27.10.59	66	
4019	L2	05.12.60	27.12.60	177	
4019	LO	06.03.61	08.03.61	22	
4019	LO	13.04.61	03.05.61	34	
4019	LO	21.10.61	14.05.62	85	FC-Kessel neu
4019	LO	29.10.62	19.11.62	113	
4019	LO	14.05.63	13.07.63	141	
4019	L2	13.07.64	11.08.64	191	
4019	LO	25.07.65	26.08.65	60	
4019	LO	31.08.65	20.09.65	60	
4020	LO	20.09.59	23.10.59	70	
4020	L2	06.11.60	29.11.60	174	
4020	LO	07.03.61	10.03.61	28	
4020	LO	19.10.61	28.03.62	88	FC-Kessel neu
4020	LO	07.02.63	14.05.63	143	
4020	LO	17.10.63	20.11.63	170	
4020	L2	14.05.64	28.04.64	197	
4020	LO	11.04.65	13.05.65	51	
4020	LO	29.10.65	01.12.65	78	
4021	L2	12.06.60	12.08.60	142	
4021	LO	08.03.61	10.03.61	58	
4021	LO	19.10.61	02.04.62	113	
4021	LO	22.08.62	30.08.62	137	
4021	L2	03.01.63	05.02.63	156	
4021	LO	06.02.64	03.03.64	55	
4021	LO	05.09.64	07.10.64	86	
4021	LO	04.03.65	05.04.65	109	

Laufleistungen der 50 4019, 4020, 4021

1959

Lok	Jan	Feb	Mär	Apr	Mai	Jun	Jul	Aug	Sep	Okt	Nov	Dez
4019	1	6	6	4	8	11	11	12	6	1+	10	9
4020	-	7	7	6	10	10	12	11	7	2+	10	3
4021	-	2	5	0	9	10	12	10	11	11	10	10

Jahresleistung: 4019=85.000, 4020=91.000, 4021=90.000 km
Monats-Ø   : 4019= 7.100, 4020= 8.300, 4021= 8.200 km

1960

Lok	Jan	Feb	Mär	Apr	Mai	Jun	Jul	Aug	Sep	Okt	Nov	Dez
4019	10	12	10	9	7	10	8	4	11	9	4	2X
4020	11	3	8	6	11	10	10	8	8	7	2X	12
4021	10	10	10	8	9	3	0	5X	10	10	8	9

Jahresleistung: 4019=95.000, 4020=96.000, 4021=92.000 km
Monats-Ø   : 4019= 8.000, 4020= 8.000, 4021= 7.700 km

1961

Lok	Jan	Feb	Mär	Apr	Mai	Jun	Jul	Aug	Sep	Okt	Nov	Dez
4019	10	9	10+	3	9+	9	10	8	10	4	0	0
4020	8	8	7+	10	7	8	11	8	6	5	0	0
4021	9	6	8+	8	8	9	8	8	6	1	0	0

Jahresleistung: 4019=92.000, 4020=78.000, 4021=71.000 km
Monats-Ø   : 4019= 7.700, 4020= 6.500, 4021= 5.900 km

1962

Lok	Jan	Feb	Mär	Apr	Mai	Jun	Jul	Aug	Sep	Okt	Nov	Dez
4019	0	0	0	0	3+	4	6	5	5	5	2+	5
4020	0	0	1+	4	8	6	6	5	5	6	4	4
4021	0	0	0	6+	6	5	5	3+	4	6	5	4

Jahresleistung: 4019=35.000, 4020=50.000, 4021=44.000 km
Monats-Ø   : 4019= 2.900, 4020= 4.200, 4021= 3.700 km

1963

Lok	Jan	Feb	Mär	Apr	Mai	Jun	Jul	Aug	Sep	Okt	Nov	Dez
4019	4	4	4	5	2	0	2+	5	6	6	5	5
4020	4	1	0	0	3+	5	5	5	5	3	2+	3
4021	0	3X	5	2	5	4	6	6	5	4	5	5

Jahresleistung: 4019=49.000, 4020=37.000, 4021=50.000 km
Monats-Ø   : 4019= 4.100, 4020= 3.100, 4021= 4.200 km

1964

Lok	Jan	Feb	Mär	Apr	Mai	Jun	Jul	Aug	Sep	Okt	Nov	Dez
4019	4	4	2	3	5	2	2	4X	6	7	5	5
4020	5	5	5	5	2	2X	6	6	7	4	5	5
4021	4	1	4+	6	4	5	6	5	0	4+	4	5

Jahresleistung: 4019=49.000, 4020=57.000, 4021=47.000 km
Monats-Ø   : 4019= 4.100, 4020= 4.800, 4021= 3.900 km

1965

Lok	Jan	Feb	Mär	Apr	Mai	Jun	Jul	Aug	Sep	Okt	Nov	Dez
4019	5	4	5	5	5	3	5	1+	2+	5	6	6
4020	6	4	5	2	3+	5	6	5	3	5	0	5+
4021	5	5	0	5+	5	6	6	5	5	5	5	6

Jahresleistung: 4019=52.000, 4020=49.000, 4021=58.000 km
Monats-Ø   : 4019= 4.300, 4020= 4.100, 4021= 4.800 km

1966

Lok	Jan	Feb	Mär	Apr	Mai	Jun	Jul	Aug	Sep	Okt	Nov	Dez
4019	6	5	?	?	?	?	?	z	z	z	z	-
4020	5	5	4	z	z	z	z	-	-	-	-	-
4021	5	4	z	z	z	z	-	-	-	-	-	-

Jahresleistung: 4019=   ? , 4020=14.000, 4021= 9.000 km
Monats-Ø   : 4019=   ? , 4020= 4.700, 4021= 4.500 km

Betriebsbogen der 50 4021. Die Maschine erreichte zwischen ihren 12-Untersuchungen keine besonders hohen Laufleistungen. Betriebsbuch: Sammlung Werner Semmelroch.

ter Betriebsbogen — Triebfahrzeug-Nummer 50 4021

Laufleistungsgrenzwert: 210 000 km

Erhaltungsabschnitt vom	bis	im Erhaltungsabschnitt erreichte km	Zeitfrist (nächste Untersuchung)	1. Verlängerung	2. Verlängerung	Nächste Untersuchung des Kessels oder Heizkessels	1. Verlängerung	2. Verlängerung	Nächste Untersuchung d. Druckluftbehälter m. W.
27.1.59	12.8.60	141 961							
13.8.60	5.2.63	156 204	~~13.8.64~~			~~3.4.63~~			~~1.12.66~~
6.2.63			6.2.67			~~1.8.64~~	4.3.65	5.4.66	5.3.72

Bw Hamm (Westf) G
AW Schwerte (Ruhr)

siehe Nr 948 III 10 (neu)

948 I 47 Betriebsbogen für Lokomotiven A 4 q d Steifpapier grau Karlsruhe II 61 3000 B 216

Kesselausbesserungen der 50 4019

9.10.-27.10.59
Mischvorwärmer geändert. 18 Schrauben am Rauchgasvorwärmer gewechselt. Reglerknierohr und Ventilregler wiederhergestellt.

6.12.-27.12.60
163 Heizrohre im Rauchgasvorwärmer gewechselt. Ventilregler und Armaturen wiederhergestellt.

17. 4.-14. 5.62
Undichtigkeiten am Kessel beseitigt. Ventilregler und 2 Gestra-Abschlammventile getauscht. Rauchgasvorwärmer: Mantel erneuert und um 560 mm gekürzt. 160 Heizrohre gewechselt. Vordere Rohrwand neu 1 Auswaschluke eingebaut und 1 Flansch für Sicherheitsventile angebaut. Undichtigkeiten am Kessel beseitigt.

22. 6.-12. 7.63
39 Heiz- und 24 Rauchrohre gewechselt. Reglerknierohr, Ventilregler, Hauptabsperrventil, Speiseventile, Wasserstände und Gestra wiederhergestellt. Im Rauchgasvorwärmer 160 Rohre gewechselt. Rostnarben im Mantel wasserseitig ausgeschweißt. Rauchkammertüren angerichtet. Undichtigkeiten am Kessel beseitigt.

23. 7.-11. 8.64
20 Heiz- und 14 Rauchrohre gewechselt. Verstärkungsblech oben eingeschweißt. An der oberen Rauchkammer Scheuerblech vorgeschuht. Undichtigkeiten beseitigt. Reglerknierohr, Ventilregler und sämtliche Armaturteile wiederhergestellt. Im Rauchgasvorwärmer 160 Rohre gewechselt. Rostgruben im Vorwärmer ausgeschweißt. An der vorderen Rauchkammertür Dichtring angeschweißt. Alle Türen angerichtet.

4. 8.-25. 8.65
260 Stehbolzenkontrollöcher aufgebohrt. 4 Stehbolzen nachgeschweißt. 8 Heiz- und 2 Rauchrohre gewechselt. Undichtigkeiten am Kessel beseitigt. Wasserstände und Gestra wiederhergestellt. Rauchgasvorwärmer 160 Rohre gewechselt. Im Mantel vorn einen Flicken eingeschweißt. Hintere Rohrwand wasserseitig aufgeschweißt. Verstärkungsblech in der Rauchkammer eingeschweißt.

z ab 30. 7.66
Ergänzung dazu: Ein kompletter Rohrwechsel wurde durchgeführt nach recht verschiedenen Laufleistungen:

1. kompletter Wechsel nach 176.700 km   (!)
2. "   "   "   84.700 km   (Vorwärmer neu)
3. "   "   "   56.000 km
4. "   "   "   50.600 km
5. "   "   "   60.000 km

Gesamtlaufleistung: 428.000 km in 7 1/2 Jahren = 57.000 km/Jahr.

Kesselausbesserungen der 50 4020

7.10.-23.10.59
Mischvorwärmer geändert. Reglerknierohr und Ventilregler wiederhergestellt.

11.11.-29.11.60
Ventilregler und Armaturen wiederhergestellt. 161 Rohre im Rauchgasvorwärmer gewechselt. Einzelne Abzehrungen am Boden des Rauchgasvorwärmers ausgeschweißt.

8. 3.-27. 3.62
Ventilregler und Gestraventil wiederhergestellt. Undichtigkeiten am Steh- und Langkessel beseitigt. Rauchgasvorwärmer: Vorwärmermantel erneuert (Blech Nr. 13-6657-D 31). 161 Heizrohre gewechselt. Rohwand vorn eine neue Waschluke u.a.m. Vorwärmer einen Stutzen für Sicherheitsventil angebracht. Vorwärmer wurde um 560 mm gekürzt. Druckprobe ausgeführt. Undichtigkeiten beseitigt.

22. 4.-11. 5.63
39 Heiz- und 24 Rauchrohre gewechselt. Undichtigkeiten am Kessel beseitigt. Ventilregler, Speiseventile, Eichdruckwasserhahn, Wasserstände und Gestra wiederhergestellt. Rauchgasvorwärmer: 160 Rohre gewechselt.

31.10.-11. 5.63
Ventilregler wiederhergestellt.

3. 6.-23. 6.64
19 Heiz- und 12 Rauchrohre gewechselt. Undichtigkeiten am Kessel beseitigt. Reglerknierohr, Ventilregler und Armaturen wiederhergestellt. Rauchgasvorwärmer: Rostgruben im Mantel ausgeschweißt. 160 Rohre gewechselt.

15. 4.-13. 5.65
Undichtigkeiten am Steh- und Langkessel beseitigt. Im Rauchgasvorwärmer 160 Rohre gewechselt und den hinteren Rohrspiegel erneuert. In der Rauchkammer vorne Verstärkungsbleche eingeschweißt. Rauchkammertür, Reglerknierohr, Ventilregler und Dampfsammelkasten wiederhergestellt. Die Armaturen teilweise getauscht.

4.11.- 1.12.65
160 Stehbolzen-Kontrollöcher aufgebohrt. Speiseventil und Gestra wiederhergestellt.

Ein kompletter Rohrwechsel wurde durchgeführt nach recht unterschiedlichen Laufleistungen:

1. kompletter Wechsel nach 174.000 km
2. "   "   "   88.500 km   (Vorwärmer neu)
3. "   "   "   54.300 km
4. "   "   "   54.400 km
5. "   "   "   51.500 km

Gesamtlaufleistung in 7 Jahren 467.500 km = 66.500 km/Jahr.

Kesselausbesserungen der 50 4021

25. 7.-12. 8.60
Mischvorwärmer geändert. Sämtliche Rohre im Franco-Crosti-Vorwärmer durch Normalstahlrohre ersetzt. 18 Paßschrauben am Vorwärmer gewechselt. Ventilregler und Armaturen wiederhergestellt.

13. 3.- 2. 4.62
Undichtigkeiten am Kessel beseitigt. Rauchgasvorwärmermantel erneuert und um 560 mm verkürzt. 160 Heizrohre gewechselt. Vordere Rohrwand eine Waschluke eingebaut und einen Stutzen für Sicherheitsventil neu eingeschweißt. Gestra wiederhergestellt.

31. 8.-30. 9.62
Reglerknierohr und Ventilregler wiederhergestellt.

7. 1.- 5. 2.63
31 Gelenkbolzen gewechselt. 7 Heiz- und 2 Rauchrohre vorgeschuht und mit Spiel eingebaut. Rauchkammertür, Reglerknierohr, Ventilregler und sämtliche Armaturteile wiederhergestellt. Undichtigkeiten am Steh- und Langkessel beseitigt. Rauchkammer oben 1 Flicken eingeschweißt. Rauchgasvorwärmer: 160 Rohre gewechselt und Rauchkammertüren angerichtet.

14. 2.- 3. 3.64
20 Heiz- und 14 Rauchrohre gewechselt. 2 Flicken in die vordere Rauchkammer eingeschweißt. 160 Heizrohre im Rauchgasvorwärmer gewechselt. Undichtigkeiten am Steh- und Langkessel beseitigt. Ventilregler und 2 Gestraventile wiederhergestellt.

11. 9.- 7.10.64
Rauchgasvorwärmer hinteren Rohrspiegel erneuert. 160 Rohre gewechselt. 1 Gestra gewechselt.

4. 3.- 4. 4.65
7 Heiz- und 5 Rauchrohre gewechselt. Rauchkammermantel unten 1 Flicken eingeschweißt. Rauchkammertüren, Ventilregler, Eichdruckwasserhahn, Wasserstandshahn und 2 Gestraventile gewechselt. Undichtigkeiten am Steh- und Langkessel beseitigt. Rauchgasvorwärmer 160 Rohre gewechselt. Rostgruben am Vorwärmer wasserseitig ausgeschweißt. Risse in der unteren Rauchkammer vorn ausgeschweißt.

Rohrwechsel im FC-Vorwärmer wurden nach folgenden Laufleistungen erforderlich:

1. kompletter Wechsel nach 142.000 km
2. "   "   "   112.800 km   (Vorwärmer neu)
3. "   "   "   43.400 km
4. "   "   "   85.500 km
5. "   "   "   23.500 km

Gesamtlaufleistung in 7 Jahren 465.000 km = 66.400 km/Jahr.

Monatliche Laufleistungen (BD Münster)

In der folgenden Aufstellung sind die monatlichen Kilometerleistungen (angegeben in vollen Tausend) der in der BD Münster beheimateten 50.40 aufgeführt. Es fehlen die Angaben des Jahres 1958, in dem die Kirchweyher 50.40 folgende Kilometerleistungen (in Tausend) erbrachten:

Folgende Zeichen wurden verwendet:
- − Die Lok war nicht oder weniger als die Hälfte eines Monats hier beheimatet.
- + Die Lok erhielt in diesem Monat eine L0.
- X Die Lok erhielt in diesem Monat eine L2.
- z Die Lok war mindestens über die Hälfte eines Monats von der Ausbesserung zurückgestellt.

Unter den einzelnen Loks eines Bw's sind jeweils pro Monat der Einsatzbestand (also ohne z-Loks) und die Durchschnittsleistungen der Loks (Gesamtleistung aller Loks dividiert durch die Anzahl der Loks) angegeben.

1958

Lok	km	Lok	km
50 4002	39	50 4009	14
50 4003	14	50 4010	18
50 4004	29	50 4012	10
50 4005	22	50 4013	6
50 4006	25	50 4014	4
50 4007	21	50 4015	3
50 4008	19	50 4016	1

1959

Bw Kirchweyhe

Lok	Jan	Feb	Mär	Apr	Mai	Jun	Jul	Aug	Sep	Okt	Nov	Dez
4002	7	5	4	5	4	4	8	6	7	8	6	7
4003	6	5	5	4	6	–	3+	–	–	–	–	–
4004	8	6	5	5	7	–	–	–	–	–	–	–
4005	8	7	7	3	0	–	–	–	–	–	–	–
4006	9	6	8	3	4	8	6	2	0	0+	–	–
4007	6	8	7	6	8	7	4	3+	7	7	8	8
4008	8	3	6	2	0	–	–	–	–	–	–	–
4009	5	2	1+	5	5	8	4	5	0	0	–	–
4010	6	4	6	6	7	6	8	5	7	3	4	4
4011	–	–	–	–	–	4	1	6	11	11	11	8
4012	4+	6	6	2	8	7	3	4	3	8	6	7
4013	2	0	7	5	8	9	8	7	7	8	8	9
4014	6	5	3	2	6	8	7	4	5	3	0	6+
4015	4	8	7	8	9	4	3+	7	9	9	8	7
4016	5	6	6	6	–	–	–	–	–	–	–	–
4017	5	5	5	7	–	–	–	–	–	–	–	–
4018	4	2	6	6	–	–	–	–	–	–	–	–
4019	1	6	6	4	–	–	–	–	–	–	–	–
4020	–	7	7	6	–	–	–	–	–	–	–	–
4021	–	2	5	0	–	–	–	–	–	–	–	–
4022	–	–	9	4	–	–	–	–	–	–	–	–
4023	–	0	0	0	–	–	–	–	–	–	–	–
4024	–	0	3	9	6	9	8	5	9	8	8	8
4025	–	–	0	9	8	7	10	8	7	8	9	8
4026	–	–	–	–	–	2	10	8	7	3+	8	9
4027	–	–	–	–	–	–	10	6	11	8	8	8
4028	–	–	–	–	–	–	–	3	8	8	9	7
4029	–	–	–	–	–	–	–	9	3	10	8	9
Bestand	17	20	23	23	15	14	17	16	16	16	16	14
Ø km/Lok	5,4	4,9	5,0	4,9	5,9	6,0	7,2	5,9	6,6	6,8	6,3	7,4

Bw Osnabrück Vbf

Lok	Jan	Feb	Mär	Apr	Mai	Jun	Jul	Aug	Sep	Okt	Nov	Dez
4003	–	–	–	–	–	–	–	8	3+	10	8	7
4004	–	–	–	–	–	–	7	9	8	5	4+	8	7
4005	–	–	–	–	–	–	5	7	9	8	6	6
4006	–	–	–	–	–	–	–	–	–	–	–	9
4008	–	–	–	–	–	–	4+	10	7	8	6	8
4009	–	–	–	–	–	–	–	–	–	–	–	6+
Bestand	–	–	–	–	–	–	3	3	4	4	4	6
Ø km/Lok	–	–	–	–	–	–	5,3	8,7	8,0	5,5	7,0	7,2

gesamte BD Münster

	Jan	Feb	Mär	Apr	Mai	Jun	Jul	Aug	Sep	Okt	Nov	Dez
Bestand	17	20	23	23	15	17	20	20	20	20	20	20
Ø km/Lok	5,4	4,9	5,0	4,9	5,9	5,7	6,4	6,4	6,9	6,5	7,3

1960

Bw Kirchweyhe

Lok	Jan	Feb	Mär	Apr	Mai	Jun	Jul	Aug	Sep	Okt	Nov	Dez
4002	8	7	5	6	6	6	6	7	0X	7	6	7
4006	–	–	–	–	–	–	–	–	–	11	0	–
4007	8	3	6	7	7	8	7	7	4	7	6	1X
4009	–	8	9	6	6	7	5	9	5	2	4	5+
4010	1	1+	8	6	7	4	6	1	6	5	5	4
4011	9	9	7	0	5+	6	9	3+	5	6+	5	4+
4012	5	–	–	–	–	–	–	–	–	–	–	–
4013	8	2	4+	7	7	7	6	8	7	7	–	–
4014	7	8	8	7	7	5	6	9	7	7	3	–
4015	8	8	6	7	7	4	7	7	7	5	3+	–
4024	7	7	8	7	7	6	6	6	6	7	6	6
4025	7	9	8	9	4	6	7	6	8	7	6	3X
4026	6	6	8	8	4	6	6	7	5	7	6	5
4027	9	8	10	8	7	6	8	6	6	7	7	7
4028	7	7	8	8	8	5	6	4	6	6	6	3+
4029	8	9	5	8	3	4+	7	6	8	8	3	–
Bestand	14	14	14	14	14	14	14	14	14	14	14	14
Ø km/Lok	7,0	6,7	7,3	6,3	6,8	6,1	6,4	6,2	5,7	6,1	5,4	5,1

1961

Bw Osnabrück Vbf

Lok	Jan	Feb	Mär	Apr	Mai	Jun	Jul	Aug	Sep	Okt	Nov	Dez
4003	8	5	6	2	5+	5	6	12	3	8	8	7
4004	7	6	8	5	7	6X	9	9	8	8	6	6+
4005	7	3	5	5	6	8	5X	6	6	9	3+	8
4006	7	0	3+	5	2+	4	4	10+	6	7	–	–
4008	7	7	8	7	6	–	7X	9	7	7	7	7
4009	7	–	–	–	–	–	–	–	–	–	–	–
4012	–	7	6	6	6	5	2	4+	7	8	8	7
4013	–	–	–	–	–	–	–	–	–	–	1	5
Bestand	6	6	6	6	6	6	6	6	6	6	6	6
Ø km/Lok	7,2	6,2	6,0	4,8	5,7	4,8	5,0	8,3	7,2	7,8	5,8	6,7

gesamte BD Münster

	Jan	Feb	Mär	Apr	Mai	Jun	Jul	Aug	Sep	Okt	Nov	Dez
Bestand	20	20	20	20	20	20	20	20	20	20	20	20
Ø km/Lok	7,1	6,6	6,9	5,9	6,5	5,8	6,0	6,9	6,2	6,7	5,5	5,6

Bw Kirchweyhe

Lok	Jan	Feb	Mär	Apr	Mai	Jun	Jul	Aug	Sep	Okt	Nov	Dez
4002	7	5	7	7	6	7	6	7	7	2	0	0
4006	6	12	4	3X	6	7	8	7	4+	4	0	0
4009	7	6	5+	5	5	7	5	7	6	3	0	0
4010	3	7+	6+	5	5	5	5	6	4	0	0	3X
4011	3+	6	5+	4	6	2	6	7	8	2	1X	2+	8
4012	8	6	8+	5	7	7	7	9	6	1	0X	9
4014	7	3+	4	7	5	6	8	6	3	0	0	0
4015	8	6+	6	5	3	6	6	2	5X	5	0	0
4024	4+	5	6+	7	5	7	8	5	7	0	0	0
4025	8	5	6+	7	6	7	7	3+	4	0	0	0
4026	6	6	4	7	6	6	7	2+	5	0	0	0
4027	4+	7	6+	8	6	7	8	6	5	7	0	0
4028	7	7	7+	6	7	8	7	5	7	0	0	0
4029	8	5	5+	5	6	5	7	7	4	0	0	0
Bestand	14	14	14	14	14	14	14	14	14	14	14	14
Ø km/Lok	6,1	6,2	5,5	5,9	5,6	5,8	6,5	6,1	5,1	3,3	0,1	1,4

Bw Osnabrück Rbf

Lok	Jan	Feb	Mär	Apr	Mai	Jun	Jul	Aug	Sep	Okt	Nov	Dez
4003	9	2X	7	6	6	7	5+	8	8	5	0	0
4004	8	7	7	5+	12	4	4+	7	5	3+	0	0
4005	8	8	8+	8	7	3	6	4	4	0	0	0
4007	3	7	7+	8	7	7	7	4	3+	2	0	0
4008	6	5	7	6+	7	7	6	7	6	0	0	0
4013	1	7X	7+	6	9	7	6	2+	8	5	0	0
Bestand	6	6	6	6	6	6	6	6	6	6	6	6
Ø km/Lok	6,7	6,0	7,2	6,2	7,7	6,5	6,0	5,7	5,7	3,5	0,0	0,0

gesamte BD Münster

	Jan	Feb	Mär	Apr	Mai	Jun	Jul	Aug	Sep	Okt	Nov	Dez
Bestand	20	20	20	20	20	20	20	20	20	20	20	20
Ø km/Lok	6,3	6,2	6,0	6,0	6,3	6,0	6,4	6,0	5,3	3,4	0,1	1,0

1962

Bw Kirchweyhe

Lok	Jan	Feb	Mär	Apr	Mai	Jun	Jul	Aug	Sep	Okt	Nov	Dez
4002	3+	5	7	5	6	7	8	6	7	7	7	1X
4006	0	3+	4	4	5	7	7	3+	6	7	7	5
4009	1X	4	6	3	5	5	8+	5	7	6	7	6
4010	7	6	6	5	5	6	7	7	7	5	1	5+
4011	–	5	5	3	8	7	6	6	7	1++	7	3+
4012	0	4X	4	5	6	5	7	6	6	7	4	3+
4014	0	4X	6	5	6	5	7	5	7	6	5	4
4015	0	3+	6	5	6	6	8	6	7	6	6	4
4024	4X	5	7	5	5	5	8	6	6	6	6	6
4025	2+	5	5	7	6	7	7	7	8	5	5	4
4026	0	4+	6	5	7	6	7	7	7	7	6	6
4027	1X	5	5	7	6	6	7	5+	7	7	7	6
4028	0	2X	7	5	6	5	8	5	6	7	7	5
4029	0	2X	7	5	5	4	6	5	5	6	6	5
Bestand	14	14	14	14	14	14	14	14	14	14	14	14
Ø km/Lok	2,4	4,4	5,6	5,4	5,5	5,7	7,2	7,0	6,5	6,4	6,2	4,9

1962

Bw Osnabrück Rbf

Lok	Jan	Feb	Mär	Apr	Mai	Jun	Jul	Aug	Sep	Okt	Nov	Dez
4003	0	0	6+	7	7	7	5	3	7	6	5	6
4004	0	0	6+	7	8	7	3	8+	7	6	4+
4005	0	0	4+	1	4++	6	8	6	8	6	6+
4007	0	0	3+	6	8	7	6	8	7	8	6	4
4008	0	0+	6	7	7	6	8	6	7	8	5
4013	0	0	1+	7	8	6	7+	7	5	3	7	3
Bestand	6	6	6	6	6	6	6	6	6	6	6	6
Ø km/Lok	0,0	0,0	4,7	5,7	7,0	6,8	6,5	5,8	6,5	7,3	6,3	5,5

gesamte BD Münster

| Bestand | 20 | 20 | 20 | 20 | 20 | 20 | 20 | 20 | 20 | 20 | 20 | 20 |
| Ø km/Lok | 1,7 | 3,1 | 5,3 | 5,5 | 6,2 | 6,1 | 7,0 | 6,7 | 6,5 | 6,7 | 6,3 | 5,1 |

1963

Bw Kirchweyhe

Lok	Jan	Feb	Mär	Apr	Mai	Jun	Jul	Aug	Sep	Okt	Nov	Dez
4002	8	7	8	5	6	5	7	3	4	6	6	5
4006	6	0	3+	6	7	6	6	7	7	6	6	6
4009	4	0	0	0	0	0	0	0	0	6	1+	3
4010	4	5	5	5	5	6	6	6	6	6	4	0
4011	8	8	7	5	0	5+	3	8	9	0+	0	0
4012	7	7	6	7	6	5	8	6	6	6	2	0
4014	6	1	6+	5	4	6	6	6	6	5	3	2
4015	6	3	0	4+	5	5	8	6	5	6	6	4
4024	1+	7	7	6	6	5	6	6	5	2+	6	5
4025	5	4	0	0+	5	6	7	7	6	6	7	6
4026	4	3+	6	6	7	6	6	6	6	6	6	6
4027	6	1+	7	7	7	6	5	8	6	6	6	7
4028	6	5	2+	4	6	5	7	7	1	6	5	6
4029	7	4+	0	3+	7	6	7	7	6	6	6	6
Bestand	14	14	14	14	14	14	14	14	14	14	14	14
Ø km/Lok	5,6	3,9	4,1	4,5	5,1	5,1	6,2	6,3	5,2	4,6	4,7	3,9

Bw Osnabrück Rbf

Lok	Jan	Feb	Mär	Apr	Mai	Jun	Jul	Aug	Sep	Okt	Nov	Dez
4003	2	7	0	2+	1	3+	8	6	5	8	2	2+
4004	7	1	8	6	7	5	2	2	4	2X	9	7
4005	7	6	3	6	0	0	4X	6	4	6+	3	0
4007	5+	7	8	8	8	7	3	10	0X	3	8	7
4008	6	1	4X	3+	6	7	7	7	3	8	7	5
4013	3	7	4	0	8+	3	4	3	2+	2X	7	6
Bestand	6	6	6	6	6	6	6	6	6	6	6	6
Ø km/Lok	5,8	4,8	4,5	4,2	5,2	4,0	5,5	5,7	3,7	5,7	6,0	4,5

gesamte BD Münster

| Bestand | 20 | 20 | 20 | 20 | 20 | 20 | 20 | 20 | 20 | 20 | 20 | 20 |
| Ø km/Lok | 5,7 | 4,2 | 4,2 | 4,4 | 5,1 | 4,8 | 6,0 | 6,1 | 4,8 | 4,9 | 5,1 | 4,1 |

1964

Bw Kirchweyhe

Lok	Jan	Feb	Mär	Apr	Mai	Jun	Jul	Aug	Sep	Okt	Nov	Dez
4002	0	6+	5	7	5	6	6	3	4+	5	5	6
4006	7	6	1	4X	6	7	7	1	5+	6	4	5
4009	7	5	6	8	4	1	1+	5	4	6	3	6
4010	6+	5	3	5	5	7	7	4	5	2	3+	6
4011	3+	10	10	4	1X	8	11	8	10	5	5+	7
4012	7+	6	6	5	2	3+	6	6	6	6	2X	6
4014	0	3+	7	5	5	5	5	5	5	4	6	6
4015	6	7	3	0+	6	7	6	6	4	6	3	6
4024	2	6	7	4+	z	z	z	z	z	z	z	z
4025	7	5	5	1	5X	7	6	7	5	4	4	4
4026	7	1	5+	3	5	1+	6	1	4X	6	4	1
4027	7	1	4+	7	2	5+	6	1X	4	2	4	4
4028	6	6	3	2	5	8	4	5	4	4	4	4
4029	8	6	0	3+	4X	6	7	7	6	4	2	4
Bestand	14	14	14	14	13	13	13	13	13	13	12	12
Ø km/Lok	5,2	5,2	4,6	4,5	4,2	5,4	6,1	4,9	4,9	4,8	3,8	4,6

Bw Osnabrück Rbf

Lok	Jan	Feb	Mär	Apr	Mai	Jun	Jul	Aug	Sep	Okt	Nov	Dez
4003	8	8	6	6	6	5	2	1	0	2X+	7	7
4004	8	6	7	6	8	7	7	1+	8	7	6
4005	4+	5	0+	7	7	5	2+	10	1	3	6
4007	6	7	4	6	0	2+	5+	1+	4	7	5	0+
4008	6	8	2	4+	6	5	4	7	8	4	6	5
4013	3	6	0	7+	7	6	3	8	7	5	1+	6	0+
Bestand	6	6	6	6	6	6	6	6	6	6	6	6
Ø km/Lok	5,8	6,7	3,2	6,2	5,2	5,5	5,2	4,2	4,7	3,8	5,7	4,0

gesamte BD Münster

| Bestand | 20 | 20 | 20 | 20 | 19 | 19 | 19 | 19 | 19 | 19 | 18 | 18 |
| Ø km/Lok | 5,4 | 5,7 | 4,2 | 5,0 | 4,5 | 5,4 | 5,4 | 4,7 | 4,8 | 4,5 | 4,4 | 4,4 |

1965

Bw Kirchweyhe

Lok	Jan	Feb	Mär	Apr	Mai	Jun	Jul	Aug	Sep	Okt	Nov	Dez
4002	4	3	0	3	1	3	4	2	1+	3	2	2
4003	-	-	-	-	3	0	0	2	0+	0	0	0
4004	-	-	-	-	2+	3	5	2	1	3
4005	-	-	-	-	0	0	1	1	0	0	0
4006	5	4	3	2	2+	3	3	1	3	0	1	2
4007	-	-	-	-	0+	5	3	2	2	2	1	2
4008	-	-	-	-	-	z	z	z	z			
4009	3	3	3	3	2	0	0	0+	0	0	0	0
4010	1	2X	4	4	0	0	0	0	0	0	0	0
4011	7	0	3++	7	7	8	5	8	5+	7	6	2
4012	5	4	3	5	z	z	z	0+	0	0	0	0
4013	-	-	-	-	0	0	1	1	0	1+	4
4014	3	1	1X	0	1	0	2	2	2	4	5	4
4015	4	1	3	3X	4	3	2	1	2	0	0	1
4024	z	z	z	z	z	z	z	z	z	-	-	-
4025	3	1	0	0	1+	5	4	6	2	2	2	2
4026	4+	3	1	4	0	2+	5	5	3	1	2	1
4027	z	z	z	z	z	z	z	z	z			
4028	3	1	2	0	2X	2	0	0	0	0	0	0
4029	3	1+	3	4	1	0	0	0	0	0	0	0
Bestand	12	12	12	12	13	16	16	17	17	17	17	17
Ø km/Lok	3,8	2,0	2,3	3,1	2,4	2,0	1,8	2,0	1,6	1,2	1,2	1,4

Bw Osnabrück Rbf

Lok	Jan	Feb	Mär	Apr	Mai	Jun	Jul	Aug	Sep	Okt	Nov	Dez
4003	7	5	7	6	-	-	-	-	-	-	-	-
4004	6	5	1	6+	2	-	-	-	-	-	-	-
4005	7	4	0+	8	5	-	-	-	-	-	-	-
4007	7	7	4	2	-	-	-	-	-	-	-	-
4008	4	5	0	z	-	-	-	-	-	-	-	-
4013	7	2	6+	6	4	-	-	-	-	-	-	-
Bestand	6	6	6	5	3							
Ø km/Lok	6,3	4,7	3,0	5,6	3,7	-	-	-	-	-	-	-

gesamte BD Münster

| Bestand | 18 | 18 | 18 | 17 | 16 | 16 | 16 | 17 | 17 | 17 | 17 | 17 |
| Ø km/Lok | 4,6 | 2,9 | 2,4 | 3,8 | 2,6 | 2,0 | 1,8 | 2,0 | 1,6 | 1,2 | 1,2 | 1,4 |

1966

Bw Kirchweyhe

Lok	Jan	Feb	Mär	Apr	Mai	Jun	Jul	Aug	Sep	Okt	Nov	Dez
4002	0	0	0	0	1	2	0	0	0	z	z	z
4003	0	0	0	0	1	1	1	1	1	z	z	z
4004	0	0	0	2+	4	3	3	1	0	0	0
4005	0	0	0	1+	1	6	2	2	3	0	0	0
4006	0	0	0	0	2+	1	1	3	1	3	0	0
4007	0	0	3	1	0	2+	3	3	2	2	2	0
4009	0	0	0	0	0	0	0	0	0	z	z	z
4010	0	0	z	z	z	z	z	z	z	z	z	z
4011	3+	0	0	0	z	z	z	z	z	z	z	z
4012	0	0	0	0	1	3	3	2	0	0	0	0
4014	3	2	3	2	3	0	4	3	0	0	0
4015	2	3	2	1	0+	1	2	1	1	4	3	2
4025	3	3	2	4	0	1+	6	4	3	2	1	3
4026	2	2	2	0	0	5+	2	1	0	3	2
4028	0	0	0	0	0	1+	3	4	2	4	1	2
4029	0	0	z	z	z	z	z	z	z	z	z	z
Bestand	17	17	14	14	14	14	14	13	11	9	9	8
Ø km/Lok	1,0	0,9	0,9	0,8	0,6	1,6	2,5	1,9	1,5	1,4	1,4	1,1

gesamte BD Münster: wie Bw Kirchweyhe

1967

Bw Kirchweyhe

Lok	Jan	Feb	Mär	Apr	Mai	Jun	Jul	Aug	Sep	Okt	Nov	Dez
4002	z	z	z	z	z	z	-	-	-	-	-	-
4003	z	z	z	z	z	z						
4004	0	0	0	0	z	z	z	z	z	z		
4005	0	0	0	0	z	z	z	z	z	z		
4006	z	z	z	z	z							
4007	1	0	2	2	2	0	z	z	z	z		
4009	z	z	z	z	z	z						
4010	z	z	z	z	z	z						
4011	z	z	z	-	-	-						
4012	z	z	z	z	z							
4013	z	z	z	z	z							
4014	z	z	z	z	z							
4015	2	3	2	2	z							
4025	1	2	3	3	2	1	z	z	z	z		
4026	3	3	4	3	2	z	z	z	z	z		
4028	3	2	2	3	3	z	z	z	z	z		
4029	z	z	z	z	z	z						
Bestand	7	7	7	6	4	2						
Ø km/Lok	1,4	1,4	1,9	1,8	2,3	0,5	-	-	-	-	-	-

gesamte BD Münster: wie Bw Kirchweyhe

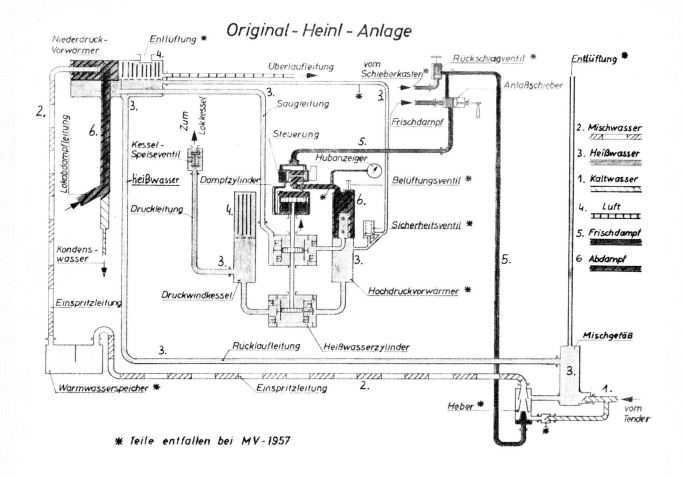

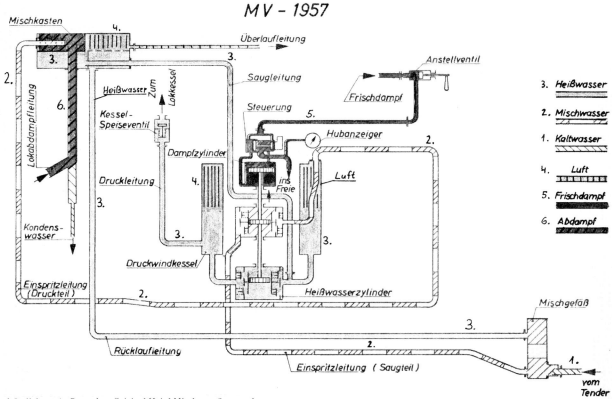

Grundsätzlicher Aufbau der Original-Heinl-Mischvorwärmeranlage und der Weiterentwicklung MV 1957. Diese Anlage wurde bei der 50.40-Serie verwendet. Bestechend ist der einfache Aufbau gegenüber der Heinl-Anlage.

Deutsche Bundesbahn

Bescheinigungen über die Abnahmeprüfung des Kessels

A. Bescheinigung über die Prüfung der Bauart und den Wasserdruckversuch des Kessels

Fabriknummer 28774 A

Der für einen höchsten zulässigen Betriebsdruck von 16 kg/cm² (Überdruck) bestimmte, von Fa. Henschel & Sohn G.m.b.H.

in Kassel im Jahre 1954 gefertigte und mit der Fabriknummer 28774 A bezeichnete Kessel ist auf Bauart, Werkstoff und Ausführung in allen Teilen genau untersucht worden. Er ist von mir heute nach § 43 der Eisenbahn-Bau- und -Betriebsordnung mit einem Wasserdruck von 21 kg/cm² Überdruck geprüft worden. Beanstandungen haben sich nicht ergeben. Die Ausführung des Kessels stimmt mit der anliegenden „Beschreibung des Kessels" und der zugehörigen Kesselgenehmigungszeichnung überein.

Die Nieten, mit denen das Fabrikschild am Kessel befestigt ist, sind mit dem Stempel versehen worden.

Kassel, den 18. 9. 1954.

(Dienstsiegel)

Der Kesselprüfer

Clemens

Anlage: Beschreibung mit Kesselgenehmigungszeichnung

B. Bescheinigung über die Prüfung der Sicherheitseinrichtungen

Die Besichtigung und die Erprobung der Sicherheitseinrichtungen, besonders der Speise- und Wasserstandseinrichtungen, Druckmesser und Sicherheitsventile in angebautem Zustand mit dem höchsten zulässigen Betriebsdruck gab keine Beanstandungen.

Die Kesselsicherheitsventile sind vorläufig eingestellt. Dabei beträgt die Höhe der Kontrollhülse mm.

Die Kesselausrüstung stimmt mit der anliegenden Beschreibung des Kessels (Abschnitt C) überein.

Kassel, den 25. 10. 1954

(Dienstsiegel)

Der Kesselprüfer

Abnahmedokument über den Vorwärmerkessel der 50 1412. Kassel 1954. Sammlung Werner Semmelroch.

946.00.122 Betriebsbuch — Bescheinigungen üb. d. Abnahmeprüfg. d. Kessels A 4 h 6 b München X 53 3000 Go.

1	2	3	4	5	6
Schad-gruppe (ohne L 1)	ausgeführt im Ausbesserungswerk Bahnbetriebswerk	in der Zeit vom	bis	Ausgeführte Arbeiten**) (Hiermit sind auch die amtl. Untersuchungen zu bescheinigen)	Ausbesserungs-kosten (ohne Sonderarbeiten) in AW (ohne Bw)***)
L0	Schwerte (Ruhr)	17/4 62	14/5 62	**L0 Bedarfsausbesserung** Undichtigkeiten am Kessel beseitigt. Ventilregler u. 2 Gestra getauscht. Rauchgasvorwärmer: Mantel erneuert und um 560 Z verkürzt. 160 Heizrohre gewechselt. Vord.-Rohrwand 1 mit Auswaschluke eingebaut. 2. Flansch für Sicherheitsventile angebaut. Undichtigkeiten am Kessel beseitigt. (Blech-Nr 2173-6873-1371) *Bundesbahn-Ausbesserungswerk Schwerte (Ruhr) Kesselschmiede-Abteilung*	
L0	Schwerte (Ruhr)	22/6 63	12/7 63	**L0 Bedarfsausbesserung** 39 Heiz- u. 34 Rauchrohre gewechselt. Reglerkreuzrohr, Ventilregler, Hauptabsperrventil, Speiseventile, Wasserstände u. Gestra richtg. Rauchgasvorwärmer. 160 Rohre gewechselt. Rostnarben am Mantel wasserseitig geschweißt. Rauchkammer-Türen ausgerichtet. Undichtigkeiten am Kessel beseitigt. *Bundesbahn-Ausbesserungswerk Schwerte (Ruhr) Kesselschmiede-Abteilung*	

Seite aus dem Kesselheft des Betriebsbuches von 50 4019. Sammlung Heinz Skrzypnik.

**) Art der Arbeiten über die ganze Breite der Seite eintragen, für Datum und Unterschrift nur eine Zeile benutzen.
***) Nach jeder Hauptuntersuchung ist die Summe der Erhaltungskosten der vorhergegangenen Erhaltungsabschnitte zu bilden.

Literatur

Arbeitsgemeinschaft Dieselschienenverkehr: Dieselfahrzeuge im Schienenverkehr. Eine vergleichende Betrachtung gegenüber Dampf- und elektrischer Zugförderung. Darmstadt und Köln 1954.

Dambly, Phil: Nos Inoubiables Vapeur, Edition le Rail, Brüssel.

Derkum. G.: Abdampf- und Abgasvorwärmer System Franco-Crosti. Erschienen in: Lokomotiv- und Werkstättentechnik, Mai/Juni 1951.

Deutsche Bundesbahn: Beschreibung für die Lokomotiven mit Franco-Crosti-Vorwärmer (DV 930 86), Minden 1951.

Deutsche Bundesbahn: Beschreibung der Lok 50 1412 mit Franco-Crosti-Abgasvorwärmer (DV 930 86/1), Minden 1955.

Deutsche Bundesbahn: Beschreibung der Lokomotiven Br. 50.40 (DV 930 90), Minden 1959.

Deutsche Bundesbahn: Beschreibung der Mischvorwärmeranlage Bauart Henschel MVR (DV 999 373), Minden 1954.

Deutsche Bundesbahn: Beschreibung der Mischvorwärmeranlage Bauart 1957 (DV 999 388), Minden 1958.

Deutsche Bundesbahn: Merkbuch für die Schienenfahrzeuge der Deutschen Bundesbahn, Dampflokomotiven und Tender (Regelspur). Gültig vom 1. Juli 1953 an (DV 939 a) – dazu: Nachtrag 2 (gültig vom 1. Oktober 1960 an).

Deutsche Reichsbahn: Niederschrift der 3. Beratung des Fachausschusses Lokomotiven vom 19.-21.10.48. Tagesordnungspunkt 4: Speisewasservorwärmer für Dampflokomotiven.

Deutsche Reichsbahn: Niederschrift der 4. Beratung des Fachausschusses Lokomotiven vom 5.-6.4.49. Tagesordnungspunkt 5: Wirtschaftlichkeitsvergleich der Vorwärmer.

Deutsche Bundesbahn: Niederschrift der 12. Beratung des Fachausschusses Lokomotiven vom 6.-8.7.55. Tagesordnungspunkt 4: Wirtschaftlichkeit der einzelnen Vorwärmersysteme.

Deutsche Bundesbahn: Niederschrift der 14. Beratung des Fachausschusses Lokomotiven vom 7.-8.6.56. Tagesordnungspunkt 8: Sind bei erforderlichem Ersatz Franco-Crosti-Kessel oder Regelkessel zu empfehlen?

Deutsche Bundesbahn: Niederschrift der 16. Beratung des Fachausschusses Lokomotiven vom 12.-13.2.58. Tagesordnungspunkt 11: Stand der Konstruktion der Ölfeuerung für Dampfloks. Tagesordnungspunkt 12: Versuchsergebnisse mit der Ölfeuerung für Dampflok. Tagesordnungspunkt 13: Stand der Konstruktion von Ersatzkesseln für Dampflok.

Deutsche Bundesbahn: Niederschrift der 18. Beratung des Fachausschusses Lokomotiven vom 2.-4.6.59. Tagesordnungspunkt 1: Abgasvorwärmer Franco-Crosti.

Deutsche Bundesbahn: Niederschrift der 19. Beratung des Fachausschusses Lokomotiven vom 24.3.60. Tagesordnungspunkt 8: Berichte über Versuchsergebnisse und Betriebserfahrung mit neuen Lokbauteilen.

Deutsche Bundesbahn: Niederschrift der 20. Beratung des Fachausschusses Lokomotiven vom 18.-19.4.61. Tagesordnungspunkt 2: Beherrschung der Korrosion im Abgasvorwärmer der Lokbaureihe 50.40.

Dubbel: Taschenbuch für den Maschinenbau, Band 1 und 2. 13. Auflage, Heidelberg (Springer) 1970.

Düring, Theodor: Die deutschen Schnellzugdampflokomotiven der Einheitsbauart, die Baureihen 01-04. Stuttgart 1979.

Eisenbahn-Lehrbücherei der Deutschen Bundesbahn, Dampflokomotivkunde Band 134, 2. Auflage, Starnberg 1959.

Griebl, Helmut und Wenzel, Hansjürgen: Geschichte der deutschen Kriegslokomotiven, Wien 1971.

Messerschmidt, Wolfgang: Auftakt vor sechzig Jahren, Anfang und Ende der Franco-Crosti-Lokomotiven. Erschienen in: Lok-Magazin, Heft 69, 70 und 71.

Messerschmidt, Wolfgang: 1C1, Entstehung und Verbreitung der Prärie-Lokomotiven, Stuttgart (Franckh) 1966.

Dr. Metzeltin: Die Entwicklung der Franco-Lokomotive. Erschienen in: Glasers Annalen, April 1948.

Müller, C. Th., Dr. Ing.: Meßwagenversuche mit einem Franco-Crosti-Rauchgasvorwärmer. Erschienen in: Eisenbahntechnische Rundschau, Heft 4/1953.

Munzar, Jürgen: Abschied von der Baureihe 50.40 der DB. Erschienen in: Lok-Magazin 31.

Niederstraßer, Leopold: Leitfaden für den Dampflokomotivdienst, 8. Auflage, Frankfurt 1954.

Pieper, Oskar: Lokomotivverzeichnis der Deutschen Reichsbahn (DB + DR), Band 4 Baureihe 41-51.70, Krefeld 1971.

Robrade, J.: Alte Probleme der Dampflokomotive in neuzeitlicher Lösung. Erschienen in: Die Bundesbahn Bd. 31 (1958), Heft 7.

Roher, Hansjürg: Dampf in Italien, Luzern 1978.

Weisbrod, Manfred und Petznik, Wolfgang: Die Baureihe 01, Berlin (DDR) und Fürstenfeldbruck 1979.

Witte, Friedrich, Dipl. Ing.: Zwei Franco-Crosti-Lokomotiven für die DB. Erschienen in: Glasers Annalen, März 1951.

Witte, Friedrich, Dipl. Ing.: Lokomotive 50 1412 mit Franco-Crosti-Kessel. Erschienen in: Glasers Annalen, September 1955.

Witte, Friedrich, Dipl. Ing.: Untersuchung der DB-Dampflokomotive 50 4011 mit Franco-Crosti-Kessel, Mischvorwärmer und Ölfeuerung. Erschienen in: Eisenbahntechnische Rundschau, Heft 5/1960.

– Das Deutsche Eisenbahnwesen der Gegenwart, Band 2, Berlin 1911.

– Die Franco-Crosti-Loks 50 4020 und 50 4021. Erschienen in: Die Dampfbahn Nr. 02, Mai 1974.

– Die Verhütung von Kesselsteinablagerungen und von Korrosionen in den Rauchgasvorwärmern der Franco-Crosti-Lokomotiven. Erschienen in: Glasers Annalen, Januar 1957.

– Englische Dampflokomotiven mit Franco-Crosti-Rauchgasvorwärmer. Erschienen in: Glasers Annalen, Februar 1956.

– Henschel-Lokomotiv-Taschenbuch, Ausgabe 1952. Kassel 1952.

– Neue Versuchsdampflokomotiven für die DB. Erschienen in: Lokomotiv- und Werkstättentechnik, Mai/Juni 1951.

Bei der redaktionellen Arbeit an diesem Buch unterstützten uns maßgeblich folgende Mitglieder der Arbeitsgruppe LOK Report: Bertold Brandt, Andreas Braun, Ludger Kenning, Dirk Schilder, Andreas Knipping.

Ohne die uneigennützige Mithilfe vieler Eisenbahnfreunde wäre das Buch nicht zustandegekommen. Wir danken deshalb allen, die uns Fotos oder (teilweise umfangreiches) Schriftgut überlassen haben. Besonders wichtig war für uns die Mithilfe von:
Deutsche Gesellschaft für Eisenbahngeschichte, Archiv Herbede
Dipl. Ing. Theodor Düring, Bückeburg
Hauptverwaltung der Deutschen Bundesbahn, Frankfurt
Rolf Engelhardt, Kirchweyhe
Wolfgang Fiegenbaum, Münster
Klaus-Detlev Holzborn, München
Manfred van Kampen, Witten
Bernd Kappel, Münster
Peter Lösel, Rüdesheim
Jürgen Munzar, Hanau
Manfred Quebe, Münster
G.W. Seewald, Witten
Hans Schmidt, Boppard

Jürgen Ebel, Rüdiger Gänsfuß

LOK Report

LOK Report, das ist ▇ Zeitschrift für alle Eisenbahnfreunde, die sich für die Lokomotiven und Triebwagen der deutschen und europäischen Eisenbahnen interessieren und dabei immer informiert sein wollen.

Was bietet der LOK Report?

- Aktuelle Meldungen und Berichte über das Geschehen bei der DB, DR, Industrie-, Privat- und Museumsbahnen sowie bei den übrigen europäischen Eisenbahnen, z. B. über Triebfahrzeugeinsätze, Umstationierungen, betriebliche Besonderheiten, Neuentwicklungen u. v. m.
- Umlaufpläne (natürlich die neuesten und gültigen) der interessanten DB-Baureihen, z. B. der BR 104, 118, 144, 194, 220, 432, 612, 795 etc.
- Umlaufpläne, Fahrzeugverzeichnisse, Betriebsberichte der Privatbahnen.
- Einen weit gespannten Auslandsteil mit Lok-Portraits, Bestandsübersichten, Hinweise auf interessante Loks und betriebliche Besonderheiten, Schmalspurbahnen u. a., dabei besondere Berücksichtigung der letzten Dampflokreservate in Osteuropa und der Museumsbahnen.
- Historische Artikel über Lokomotiven, Werkstätten und Bahnlinien.
- Schwergewicht der Berichterstattung sind Dampfloks, Altbau-Elloks und alle anderen seltenen oder ausmusterungsbedrohten Loks und Triebwagen, wobei auf größtmögliche Aktualität geachtet wird.
- Und dazu: Verkehrspolitische Artikel und Buchbesprechungen.
- Zu jedem Fahrplanwechsel: Brandaktuelle Berichte über die neuen Lokeinsätze und Veränderungen. Zum Sommerfahrplan 1980 im Doppelheft 4/5 Anfang Juli und zum Winterfahrplan 1980/81 im Heft 7 im November!
- Und natürlich: Viele sehenswerte Fotos in jedem Heft!

Der Preis ist dabei aber sehr günstig:

- 9. Jahrgang 1980, 8 Ausgaben des LOK Report, davon 1 Doppelheft.
- **Einzelheft:** über 70 Seiten mit 40 Fotos, Kunstdruck   DM 3,50

Reiseführer 1980/81

- Ob Sie eine Zusammenfassung aller deutschen und der wichtigsten europäischen Lokomotiven haben wollen — oder eine Planungsunterlage für Ausflüge und Reisen. — Der LOK Report-Reiseführer 1980/81 bietet Ihnen beides in anschaulicher und übersichtlicher Form.
- Im Deutschlandteil finden Sie alle Standorte von über 10 000 DB-Triebfahrzeugen mit umfangreichen zusätzlichen Einsatzhinweisen. Sämtliche deutschen Privat- und Museumsbahntriebfahrzeuge sind außerdem aufgeführt, dazu die Lok-Denkmäler und weitere Hinweise.
- Enthalten sind die Betriebszeiten der in- und ausländischen Museumsbahnen, Einsatzhinweise, Bestandsübersichten und weiteres Wissenswerte über den Betrieb von interessanten Lokomotiven im Ausland, z. B. Hinweise auf ehemalige DB-Dampfloks und Altbau-Elloks in ganz Europa.
- Als Eisenbahnfotograf (oder -wanderer) erfahren Sie, welche Strecken landschaftlich reizvoll liegen und welche Bestimmungen Sie bei der Einreise in andere Länder beachten müssen. Selbstverständlich fehlt eine Übersicht über das Netz und eine Gliederung des Fahrzeugparks der Bahnen nicht.
- Kurz gesagt: der LOK Report-Reiseführer 1980/81 sollte bei keinem Eisenbahnfreund im Bücherschrank fehlen!

Reiseführer 1980/81, über 140 Seiten mit ca. 40 Fotos: DM 14,80

Franco-Crosti

FRANCO-CROSTI — Technik und Geschichte der BR 42.90 und 50.40 der DB
Mehr als 140 Seiten Großformat mit stabilem Einband aus Glanzkarton, viele technische Zeichnungen und Tabellen, 1 Poster und über 100 Fotos.
Subskriptionspreis bis 1. 7. 1980: DM 28,—; danach: DM 33,50

ABONNEMENT — die preisgünstigste, schnellste und zuverlässigste Art, den LOK Report zu beziehen:
- Abonnement LOK Report 1980, 8 Ausgaben frei Haus, auch ins Ausland   DM 22,—
- Großes Abonnement, 8 Ausgaben LOK Report mit Reiseführer 1980/81   DM 32,—

Herausgegeben wird der LOK Report und seine Sonderausgaben von der **Arbeitsgruppe LOK Report e. V., Postfach 25 80, D-8520 Erlangen,** einer Vereinigung von Eisenbahnfreunden, die sich alle selbst mit Leib und Seele ihrem Hobby Eisenbahn verschrieben haben. Alle Arbeiten am LOK Report erfolgen rein ehrenamtlich, die Arbeitsgruppe ist so als gemeinnützig anerkannt. Der Preis des LOK Report ist somit nur der Unkostenersatz, daher gilt: **LOK Report — Viel Information für wenig Geld!**
Beziehen können Sie den LOK Report, die Sonderausgaben und die Abonnements am besten durch Vorüberweisung auf unser **Postscheckkonto Nürnberg 147 45-851** unter Angabe des gewünschten Artikels oder mit dem anhängenden Bestellzettel:

Hier bestellen und in ausreichend frankiertem Umschlag senden an:
Arbeitsgruppe LOK Report e. V., Postfach 25 80, D-8520 Erlangen